高等院校动画专业核心系列教材

主编　王建华　马振龙　副主编　何小青

三维动画材质渲染

张云辉　编著

中国建筑工业出版社

高等院校动画专业核心系列教材

《高等院校动画专业核心系列教材》
编委会

总 序

INTRODUCTION

　　动画产业作为文化创意产业的重要组成部分，除经济功能之外，在很大程度上承担着塑造和确立国家文化形象的历史使命。

　　近年来，随着国家政策的大力扶持，中国动画产业也得到了迅猛发展。在前进中总结历史，我们发现：中国动画经历了 20 世纪 20 年代的闪亮登场，60 年代的辉煌成就，80 年代中后期的徘徊衰落。进入新世纪，中国经济实力和文化影响力的增强带动了文化产业的兴起，中国动画开始了当代二次创业——重新突围。2010 年，动画片产量达到 22 万分钟，首次超过美国、日本，成为世界第一。

　　在动画产业这种井喷式发展背景下，人才匮乏已经成为制约动画产业进一步做大做强的关键因素。动画产业的发展，专业人才的缺乏，推动了高等院校动画教育的迅速发展。中国动画教育尽管从 20 世纪 50 年代就已经开始，但直到 2000 年，设立动画专业的学校少、招生少、规模小。此后，从 2000 年到 2006 年 5 月，6 年时间全国新增 303 所高等院校开设动画专业，平均一个星期就有一所大学开设动画专业。到 2011 年上半年，国内大约 2400 多所高校开设了动画或与动画相关的专业，这是自 1978 年恢复高考以来，除艺术设计专业之外，出现的第二个"大跃进"专业。

　　面对如此庞大的动画专业学生，如何培养，已经成为所有动画教育者面对的现实，因此必须解决三个问题：师资培养、课程设置、教材建设。目前在所有专业中，动画专业教材建设的空间是最大的，也是各高校最重视的专业发展措施。一个专业发展成熟与否，实际上从其教材建设的数量与质量上就可以体现出来。高校动画专业教材的建设现状主要体现在以下三方面：一是动画类教材数量多，精品少。近 10 年来，动画专业类教材出版数量与日俱增，从最初上架在美术类、影视类、电脑类专柜，到目前在各大书店、图书馆拥有自身的专柜，乃至成为一大品种、门类。涵盖内容从动画概论到动画技法，可以说数量众多。与此同时，国内原创动画教材的精品很少，甚至一些优秀的动画教材仍需要依靠引进。二是操作技术类教材多，理论研究的教材少，而从文化学、传播学等学术角度系统研究动画艺术的教材可以说少之又少。三是选题视野狭窄，缺乏系统性、合理性、科学性。动画是一种综合性视听形式，它具有集技术、艺术和新媒介三种属性于一体的专业特点，要求教材建设既涉及技术、艺术，又涉及媒介，而目前的教材还很不理想。

基于以上现实，中国建筑工业出版社审时度势，邀请了国内较早且成熟开设动画专业的多家先进院校的学者、教授及业界专家，在总结国内外和自身教学经验的基础上，策划和编写了这套高等院校动画专业核心系列教材，以期改变目前此类教材市场之现状，更为满足动画学生之所需。

本系列教材在以下几方面力求有新的突破与特色：

选题跨学科性——扩大目前动画专业教学视野。动画本身就是一个跨学科专业，涉及艺术、技术，横跨美术学、传播学、影视学、文化学、经济学等，但传统的动画教材大多局限于动画本身，学科视野狭窄。本系列教材除了传统的动画理论、技法之外，增加研究动画文化、动画传播、动画产业等分册，力求使动画专业的学生能够适应多样的社会人才需求。

学科系统性——强调动画知识培养的系统性。目前国内动画专业教材建设，与其他学科相比，大多缺乏系统性、完整性。本系列教材力求构建动画专业的完整性、系统性，帮助学生系统地掌握动画各领域、各环节的主要内容。

层次兼顾性——兼顾本科和研究生教学层次。本系列教材既有针对本科低年级的动画概论、动画技法教材，也有针对本科高年级或研究生阶段的动画研究方法和动画文化理论。使其教学内容更加充实，同时深度上也有明显增加，力求培养本科低年级学生的动手能力和本科高年级及研究生的科研能力，适应目前不断发展的动画专业高层次教学要求。

内容前沿性——突出高层次制作、研究能力的培养。目前动画教材比较简略，多停留在技法培养和知识传授上，本系列教材力求在动画制作能力培养的基础上，突出对动画深层次理论的讨论，注重对许多前沿和专题问题的研究、展望，让学生及时抓住学科发展的脉络，引导他们对前沿问题展开自己的思考与探索。

教学实用性——实用于教与学。教材是根据教学大纲编写、供教学使用和要求学生掌握的学习工具，它不同于学术论著、技法介绍或操作手册。因此，教材的编写与出版，必须在体现学科特点与教学规律的基础上，根据不同教学对象和教学大纲的要求，结合相应的教学方式进行编写，确保实用于教与学。同时，除文字教材外，视听教材也是不可缺少的。本系列教材正是出于这些考虑，特别在一些教材后面附配套教学光盘，以方便教师备课和学生的自我学习。

适用广泛性——国内院校动画专业能够普遍使用。打破地域和学校局限，邀请国内不同地区具有代表性的动画院校专家学者或骨干教师参与编写本系列教材，力求最大限度地体现不同院校、不同教师的教学思想与方法，达到本系列动画教材学术观念的广泛性、互补性。

"百花齐放，百家争鸣"是我国文化事业发展的方针，本系列教材的推出，进一步充实和完善了当下动画教材建设的百花园，也必将推进动画学科的进一步发展。我们相信，只要学界与业界合力前进，力戒急功近利的浮躁心态，采取切实可行的措施，就能不断向中国动画产业输送合格的专业人才，保持中国动画产业的健康、可持续发展，最终实现动画"中国学派"的伟大复兴。

丛书主编： 王建华 中国传媒大学新闻学院

李凤岐 天津理工大学艺术学院

前言

　　随着科技的高速发展，动画艺术在 20 世纪 70 年代后异军突起，得益于电脑的介入使得动画艺术在表现形式方面展现了新的趋势。电脑三维动画艺术是最近二十年来随着计算机软硬件技术的发展而产生的一项新兴影视艺术表现形式，它使得动态影像表现语言进一步扩展和丰富，使虚拟影像越来越多地被应用于商业电影、商业广告动画的创作中。通过三维动画软件可以建立一个虚拟的仿真三维世界，利用计算机进行动画的设计、创作与制作，塑造虚拟的立体场景与动画。

　　电脑三维动画作为一门技术，在工业仿真、建筑、医学、文化传播等领域都已发挥出巨大作用。近十多年来，电脑三维动画技术在影像艺术领域更是大放异彩，促成了新一次的影像艺术和电影娱乐产业的兴盛。发挥数字化的三维动画影像技术的仿真优势，能更好地使虚幻真实的影像魅力得以展现。

　　通过学习和实践，我们可以深入地了解这些"数字化的"影片与"传统的"影片在制作工艺、视听语言等电影艺术元素方面上运用的区别。三维动画艺术是一种空间形式的时间艺术，空间形式决定了它拥有美术绘画的色彩、光线、构图等造型特点。同时，三维动画是建立在计算机虚拟空间中的运动艺术，因此在不同的作品中，不同的造型和运动都具有很大的变换张力和表现空间，都是用变换和夸张的设计手法烘托情感。

　　电脑三维动画与其他艺术紧密结合，是其他艺术创新和发展的重要动力。本书旨在提供给读者三维渲染的理论讲解和整体方法，并非是软件的标准教程。通过近些年的不断发展，动画艺术已形成相对独立的艺术门类，并不断散发出独有的艺术魅力。

目 录
CONTENTS

第 1 章　虚拟的三维世界

1.1　构筑计算机三维动画艺术的虚拟情境

1.1.1　计算机三维动画

计算机三维动画又称"3D 动画"，是近年来随着计算机软硬件技术的发展而产生的一项新兴影视艺术。三维动画艺术是一种影视艺术，它突破了传统的影视艺术，给人带来视觉上的美感、听觉上的享受等。虽然传统的影视艺术也符合这类审美要求，但是动画审美所承载的内容远比传统艺术要丰富，它涉及角色、场景、构图、景别、摄影机角度、灯光、色彩、配音配乐等多方面的模拟真实影视拍摄或影视设计制作。全电脑三维动画是相对于二维动画而言的，与二维的动画相比，它还具备第三维的深度空间（即坐标轴 Z），它通过对现实拍摄的模拟，透视效果强，360 度全方位展示，不受场景限制（图 1-1）。

三维动画技术模拟真实物体的方式使其成为一个有价值的工具，由于其精确性、真实性和无限的可操作性，目前被广泛应用于医学、教育、军事、娱乐等诸多领域。在影视广告制作方面，这项新技术能够给人耳目一新的感觉，因此受到了众多客户的欢迎。三维动画可以用于广告和电影电视剧的特效制作（如爆炸、烟雾、下雨、光效等），特技（撞车、变形、虚幻场景或角色等），广告产品展示，片头飞字等。

1.1.1.1　计算机三维动画的定义

全电脑三维动画主要是指完全由计算机生成的三维动画，它通过三维动画软件首先建立一个虚拟的三维世界，设计师在这个虚拟的三维世界中按照要表现对象的形状、尺寸、位置建立模型，并对物体赋予颜色、肌理和材质，设置光源，然后根据要求设定模型的运动轨迹，最后通过模拟的摄像机镜头全方位地运动、漫游，输出生成最后的动态画面。简单来说，就是利用计算机进行动画的设计、创作与制作，产生真实的立体场景与动画效果。

1.1.1.2　三维动画艺术的发展

追溯动画艺术的历史可能会有多种意想的背景或是结论，本书不做它说，而更多关注对于艺术形态、艺术创作方式的追问，动画作为独立的艺术门类有其自身特有的艺术表现语言，真正使动画实现商业价值的还是计算机的产生。三维动画艺术以计算机为创作的工具和平台，它的产生和发展都是伴随着计算机三维动画技术的发展而发展的。

以真人为主角，利用电脑科技拍摄的电影《电子世界争霸战》，就让迪士尼的动画师们很受启发（图 1-2）。

图 1-2　电影《电子世界争霸战》

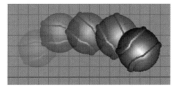

图 1-1　三维动画全方位展示运动

20世纪70年代，美国科学家爱德卡塔特·穆尔，在犹他大学电脑绘图实验室取得了新科技博士学位，他用电脑三维画出了自己的左手，并完成了运动。数年后这段视频在电影《翡翠谷大逃亡》中初次登场，使其成为第一部由电脑3D技术制成的电影（图1-3）。

真正的全电脑三维动画艺术的历史可追溯到20世纪80年代，它的发展与制作世界上第一部全三维动画长片《玩具总动员》的皮克斯（Pixar）动画工作室息息相关（图1-4），以下以皮克斯动画工作室的成长为主线，对全电脑三维动画艺术的发展做一回顾。

技术酝酿期（1984—1994年）。1984年到1994年可作为全三维动画艺术的技术酝酿期，在这十年间，计算机图形技术的开发和应用为全三维动画艺术的产生做了充足的技术积累和铺垫，期间皮克斯动画工作室一直是这一领域的探路者。

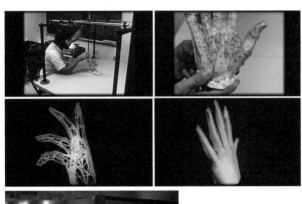

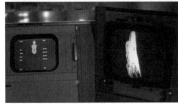

图1-3　电影《翡翠谷大逃亡》

从1984年其前身——特效公司"工业光魔"创作第一部3D短片《The Adventure of André & Wally B.》开始，皮克斯动画工作室就一直致力于数字电影的制作与技术的开发。1986年他在自动产生阴影、多重光源和动态模糊效果等方面取得了重大突破，制作了动画短片《小台灯》，获得了奥斯卡最佳动画短片提名（图1-5）。此后该工作室又尝试了角色设计，制作出人体动作模型的动画短片《锡铁小兵》（图1-6）。接下来的几年里，皮克斯动画工作室又尝试实现动作的阴影和材质的变化，并通过编制程序来制作雪花颗粒，开发电脑辅助制作系统，在计算机图形图像技术的研究方面不断进行新的突破。

起步发展期（1995—2000年）。1995年到2000年可以说是三维动画的起步以及初步发展时期，此间制作出了第一部全三维动画长片《玩具总动员1》和世界上首部无胶片数字电影《玩具总动员2》（图1-7）。在这个时期，皮克斯还创作出了实验短片《棋局》，以测试制作具有真实效果的皮肤和具有柔顺感的衣料。在《玩具总动员2》中，皮克斯采用了粒子系统（用大约2.4百万个粒子来制作架上的灰尘）、毛发处理系统（用了六百万根毛发覆盖小狗Buster的身体），把数字化的叙事和电脑数字动画发挥到了极致。

迅猛发展时期（2001—2003年）。2001年到2003年可归为全三维动画艺术的迅猛发展时期，这一阶段，梦工场和福克斯两大公司也开始在这一领域崭露头角，计算机三维图像技术也不再是动画艺术的唯一支撑。2001年迪士尼与皮克斯公司合作推出的短片《大眼仔的新车》用夸张的动作和角色的表情来吸引人，梦工厂推出的《怪物

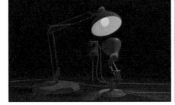

图1-4　Pixar动画工作室　　图1-5　Pixar动画短片《小台灯》3D　　　　　　　　　　图1-6　Pixer动画短片《锡铁小兵》

图 1-7　Pixer 动画短片《玩具总动员 2》

图 1-8　Pixer 动画长片《海底总动员》

图 1-9　Pixer 动画《超人特攻队》(上图)《汽车总动员》(下图)

图 1-10　电影中的三维造型

史莱克》以恶作剧式的搞笑撼动了皮克斯、迪士尼的霸主地位。2002 年福克斯公司历时三年的《冰河世纪》以新巧夸张的形象、温暖紧张的剧情为法宝席卷了北美票房。2003 年迪士尼与皮克斯公司合作的第五部电脑动画长片《海底总动员》超越了以往以技术为亮点的原始阶段，回归到靠内容题材的升华和剧情的内涵为主旨的制作模式，将电脑技术与传统的人性理念相结合，创造出了感人至深的动画故事（图 1-8）。

全盛时期（2004 年至今）。从 2004 年开始，三维动画影片步入其发展的全盛时期，美国不再是唯一的一个全三维动画片的生产国，其他国家也逐渐步入到这个领域当中，全三维动画片的数量也急剧上升，如《超人特攻队》、《小鸡快跑》、《汽

车总动员》、《欢乐的大脚》等，影片的风格也呈现出多样化趋势，整个三维动画艺术在技术的平台上大放异彩（图 1-9）。

除了独立的三维动画长片，三维动画技术在电影特效中逐渐被视为影片视觉效果的看点，借助虚拟的场景、角色或者环境特效，越来越多的影片监制和导演愿意使用电脑来完成自己的拍摄计划，这样做不但可以节约人力、制作成本等，而且制作的灵活性和感官效果也大大增强。《指环王》、《哈利波特》、《变形金刚》、《阿凡达》等魔幻或是现实题材的系列电影无不以宏大的场景、奇幻的造型、炫目的特效来诠释主题，将无尽的想象以视觉地真实再现出来（图 1-10）。

1.1.2　计算机三维动画的虚拟情境

1.1.2.1　虚拟情境的概念

随着计算机三维影像技术的不断发展，三维图形技术越来越被人们所看重。三维动画因比平面图效果更直观，更能给观赏者以身临其境的感觉，尤其适用于那些尚未实现或准备实施的项目，使观者提前领略实施后的精彩结果。

广义的虚拟情境①是指，非现实世界的存在和所有表现形式的虚拟存在，包括视觉表现形式、

---

① 虚拟：（1）不符合或不一定符合事实的，虚拟的情况；（2）凭想像编造的；（3）由高新技术实现的仿实物或伪实物的技术。

情境：（1）在一定时间内各种情况的相对的或结合的境况；（2）情景，境地；（3）现在所处的情况。

文学表现形式等。

这里要表达的虚拟情境指的是其狭义的概念，即利用计算机模拟出来的三维的影像，包括造型风格的塑造、灯光光影的感觉、模拟特效的表现等来达到亦真亦幻的视觉效果，达到一种真实的视觉再现，让人有如临其境的感受。理解虚拟情境需要充分运用三维动画艺术特性来进行艺术创作，艺术创作是推动一种新艺术门类的产生、一种新艺术风格的发展最直接的动力。

1.1.2.2 对于虚拟情境的解读

随着理论研究的不断深入和视觉艺术活动的丰富多样，人们对于计算机三维技术的表现要求也不仅限于模拟的再现，而是更注重在视觉效果上的表现。或是真实地表现现实世界，刻画细节，让观众感觉真实的再造感；或是真实地表现虚幻的世界，使得造型表现和整体表现风格的渲染达到亦真亦幻的效果，让观众有在虚拟世界中身临其境之感（图1-11）。

早期的行为主义将受众看成知识灌输的对象，把一切事物看成是客观的存在，强调数据的传递灌输。后来的基于计算机算法模拟的认知主义理论关注知识在人脑中的输入、记忆、理解、加工等过程，模拟、抽象和细化知识获得及存储加工的内在机制，强调基于理解的体验活动。而最近迅速发展的建构主义理论关注个人的知识建构问题，强调基于个人知识建构的体会与感知。这种体会与感知主要是采取创设个体之外的情境的方式，促进个体知识的建构。近年来，这种理念的

图1-11 《阿凡达》中模拟实景的3D虚拟操作

模式如雨后春笋般地建立起来，并产生了基于三维虚拟情境的丰富的理论研究和大量的创作实践。作为当今流行的话题，虚拟情境的表现关系研究富有新的涵义。尤其是计算机虚拟现实技术的飞速发展和应用的普及，对情境和虚拟情境在表现意义上的研究显得十分必要且意义重大。

渲染的最终呈现形式就是情境的形成，三维软件根据各自技术的特点完成渲染不同阶段的工作，虚拟情境使用渲染模式进行视觉表现，达到三维虚拟的真实表现。

1.2 三维动画艺术虚拟情境的特性与思维

在现代动画创作中往往运用多种艺术表现形式，随着动画市场的不断成熟，传统的表现形式不会消亡，新兴的形式层出不穷，制作工艺逐渐成熟，其中电脑三维动画是最有吸引力、最有发展潜力的一种形式。通过分析和实践，可以深入地了解这些"数字化"的影片与"传统"的影片在制作工艺、视听语言等电影艺术元素方面运用的区别。

电脑三维动画与其他艺术紧密结合，是其他艺术创新的重要表现手段和发展的直接动力，同时也是相对独立的艺术门类，形成和发展了相对独立的艺术语言，发挥独有的艺术魅力。

现在大多数学生学习和掌握了电脑三维动画基本操作技术，对于制作流程也倒背如流，但能深入讲解如何使这种技术的独特创造语言在动画中发挥更好的作用，以及运用电脑三维动画的特性来进行创作的人才匮乏。对电脑三维动画的艺术语言进行独立研究和探索、了解、掌握、积累等过程，需要通过大量的时间与创作实践来磨炼，最后才能提高审美，制作出好的动画作品。动画作品能否取得市场的票房和口碑的成功，很大一部分取决于创作者能否很好地把握和运用电脑三维动画独特的艺术语言，而不仅仅依赖于是否有高级图形工作站和专业的工具软件。

1.2.1　虚拟情境是三维动画艺术表现的思维观念

三维动画影片艺术创作是一个流程性、阶段性很强的实施过程。作为流程制作，就要求严谨的实施步骤和规范的操作手段，动画影片制作无论二维、三维，每一个阶段都有统一的标准，每个制作环节都严谨地按照流程来设置。

在拥有先进的建筑机械设备、建筑材料和建筑技术的现代，我们可以建几百米高的大楼、几十公里长的海底隧道，甚至是反物理常规的建筑。在古代，没有这些技术、设备和材料，古人也创造了长城、金字塔等旷世宏伟的建筑。在我们利用现代化工具创作数字三维动画影片的时候，也很需要有这样的观念，从这样的角度去理解和考虑问题。

确立以情境描绘为中心的创作思维是三维动画的基础，通过前期二维概念稿设定来对三维创作有规划的推进是很多动画导演、电影导演的首选，将三维动画要描绘的场景和剧情，用可控性较强、成稿速度快的表现形式，模拟渲染展现影片的部分情节，刻画部分细节质感（图1-12）。

1.2.2　三维动画艺术的独特魅力

电脑三维动画是相对于二维动画而言的，它和二维最主要的差别在于图形中是否完全提供了深度信息。由于物体有了三维深度信息，仅制作一次就可以了，创作者可以从各个角度去观察和修改。

三维动画的艺术设计和创作过程按顺序大致分为几个制作单元：建模造型、材质编辑、绑定控制、动作调节、渲染合成，即在虚拟的三维空间中创建动画角色和场景的三维数据，生成虚拟的造型，再给造型赋予材质和贴图，加进灯光、镜头、特效，并使角色在三维空间中产生运动、形态变化和表情变化，最后通过渲染合成序列来生成完整的动画。

动画创作，尤其是电脑三维动画创作，绝不是为了模仿其他艺术门类，而是吸收其他艺术门类的优点，并结合自身的创作技术特点，形成自己特有的艺术语言。通过深入地分析和实践，来了解这些"数字化的"影片与"传统的"影片在艺术追求、审美定位上的区别，以及在整个观影体验追求上的不同。

图1-12　电影《变形金刚》概念设定

在影片创作中，通过三维数字技术的应用，提高了画面的艺术表现力，塑造了逼真的、主观意念的叙事空间。在虚拟的三维空间可以与实拍电影一样多角度拍摄或运动拍摄，使得画面的信息更丰富，并且连景统一。

把握影片的总体艺术构思、整体的美术造型风格，追求绘画质感的影像是艺术创作目标。发挥三维技术对画面的质感、空间的造型优势，解决场景与角色的运动对位、光线和气氛造型统一的问题。

三维制作流程是项目制作的核心课题，是软件操作技术之外的高级技术。对于崇尚技术流的制作人员，会过分依赖软件的操作和流程。三维制作流程包括：工作分工安排、软件技术的交叉结合、使用的技术方案等方面。

对于三维制作，艺术设定、工艺流程、软件技术三者是密不可分的，需要拥有更多的知识和眼界，才得以走在视效创新的最前沿（图1-13）。

1.2.3　虚拟情境的构建倚靠三维技术的发展

以美国好莱坞为例，从开始的探索阶段到每推出的一部新的数字大片，观众都为其运用的最新影像技术创作出的空前的视觉效果所倾倒，新技术的应用也是重要的商业卖点，在影片中都有精彩的表现。针对每部动画创作的艺术要求，有条件的开发团队都会设立专门的研发小组来解决创作过程中遇到的技术难题（硬件或是软件），以实现创作目的，不少影片数字特效部分的投入甚至会超过拍摄部分。也有可能通过专门改编影片创作的内容、艺术表现风格来展示新研发的影像

技术。为此不少人对电脑三维动画产生一种错误的认识，认为他们被新的软件制作技术所控制，在创作过程中把技术本身看得很重，甚至过于依赖，忽略了电脑三维动画艺术语言的内在诉求。

1.2.3.1　虚拟情境在电影中的应用

从第一部由电脑参与制作的电影《电子世界争霸战》诞生至今的40多年间，电脑技术的突飞猛进对电影界带来的是更真实的画面效果、更震撼的视觉体验和更高的票房收入，三维技术在电影中的作用更是不可或缺。

电影特效增加了电影影像视觉效果的刺激，如爆炸的碎片、烟火、碎裂碰撞翻滚等一系列运动中的因素，都追求夸张的超写实，对细节的夸张刻画。如冲向画面的碎片、断裂，这不仅是对质感仔细描述，更重要的是对细节的量和运动的夸张，这些都很好地发挥了三维制作长处，即实拍电影的逼真性加上虚拟的夸张色彩。细节的丰富和真实刻画取决于工作量的多少，影片的细节刻画首先是追求影像画面的真实的美感、时代感和衬托情节发展的气氛（图1-14）。

1.2.3.2　虚拟情境在游戏中的应用

游戏的研发一直走在视觉设计和数字科技的最前沿，引领着行业的发展潮流。虚拟技术直接的应用就是游戏行业，从派生新的体验方式到衍生其他互动形式发展都是游戏在不断突破技术与艺术的存在方式。游戏从简单的像素式的单机游戏已经发展到现在网络化、多互动模式、操作性极强的三维体验式的游戏模式。随着智能移动终

图1-13　《变形金刚》特效画面

图1-14　电影《爱丽丝梦游仙境》画面

图 1-15　游戏中应用的三维动画

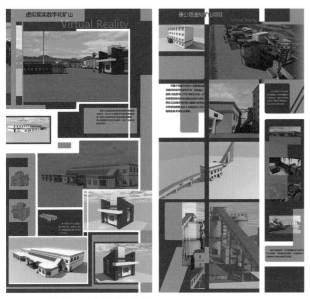

图 1-16　《唐工塔虚拟矿山》展示

端的换代普及，APP 游戏已经逐渐蚕食传统的游戏市场，在短时间内用超凡的艺术体验来抓住用户的，附加更多的盈利模式，成为开发者所重视的应用领域（图 1-15）。

1.2.3.3　虚拟情境在工业数字仿真中的应用

随着展示手段的多样化，除了传统的领域，三维动画拓展了应用的范围。很多企业利用三维动画技术来模拟真实施工作业、操作机械运转的

原理和流程，节约了展示成本，并且拥有更全面、直观的演示效果，避免了现实操作时的不必要的危险和损失。如：鄂尔多斯市唐公塔煤矿矿山虚拟仿真系统实现了将煤矿经营、生产、安全、管理决策等信息的有机集成，在全 3D 的立体可视环境下进行矿山企业的各种管控活动，帮助企业建立起真正意义的绿色矿山、效益矿山和安全矿山。其中包括主要场景创建、交互漫游、生产仿真等可视化部分（图 1-16），使得新员工在下井前就可以在电脑面前进行真实的培训，可以有效地降低企业培训成本，提高员工作业素质，实现了节约、高效、准确的数字化集成。有的企业在网上利用虚拟技术举办网络虚拟展会，模拟真实的场馆环境，创造新的交互体验。将不同空间的企业和产品聚拢到一起，使组织和参与更为灵活。这都体现了三维动画技术与新的媒体之间的互动。

1.3　三维动画艺术虚拟情境的艺术塑造——运动美与造型美

三维动画艺术是一种空间形式的时间艺术，空间形式决定了它拥有美术绘画的色彩、光影、构图等造型特点，而"时间艺术"说明它能够体现力量、速度、变化的运动特征。同时，三维动画是建立在计算机虚拟空间中的运动艺术，因此无论是它的造型还是运动都具有很大的变换张力和表现空间，都可以用变换和夸张的设计手法烘托情感（图 1-17）。

1.3.1　三维动画是镜头的艺术

在电影和动画技术进入数字时代之后，三维软件中虚拟摄像机使得电影动画艺术有了较二维动画创作更加丰富的镜头语言。

虚拟的摄像机拥有与真实摄像机同样的甚至比真实摄像机更强大的空间运动可能性，三维技术的运用很多时候能使影片更自由地运用镜头。数字三维技术在动画影像"逼真"的深度空间密度表现的运用和通过虚拟灯光细腻的表现能力塑

图1-17 科幻电影《阿凡达》（上图）；动画电影《驯龙高手》中不同类别的造型（下图）

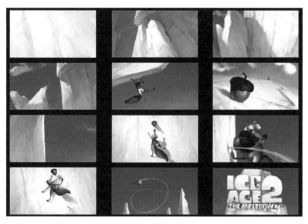

图1-18 《冰河世纪2》中的一组镜头

造场景气氛的运用，在具有空间感、神秘感的场景中发挥得淋漓尽致（图1-18）。

由于"逼真"的空间表现能力，必然也带来了镜头画面内外运动密度的"逼真"，尤其在深度空间的、具有透视变化的运动状态表现，如：物体纵深运动，传统二维动画制作就难把握在镜头运动时所产生的空间变化。当摄像机在虚拟的三维空间中运动时，就加入了时间的概念，时间在创作中意味着对运动速度、构图变换上的节奏的控制，把握该节奏不断随着透视变化而变形的规律（图1-19）。

图1-19 动画电影《飞屋环游记》

图1-20 动画电影《恶童》中的三维镜头

通过三维动画技术的表现优势，实现了镜头画面空间转换的自由灵活与景别的任意变化的艺术表现过程，镜头的叙事性大大加强。运用数值和操作视图对镜头的物理运动、焦距、虚实等方面直观调整，可以达到模拟真实甚至超越真实摄影机位或运动的镜头。

二维动画中也运用三维摄像机来模拟镜头的运动，如动画电影《恶童》中的三维镜头（图1-20）。

1.3.2 三维动画艺术随心所欲的运动形态

前期设定工作草图一经通过就可以着手动画的制作。任何与人物相关的物体（如：陈设或道具），都应该在动画制作开始前完成建模，或是在设定阶段交叉进行。同传统动画师类似，电脑动画师通过塑造个性化的设计动作，来赋予人物生命（图1-21）。

动画设计也可称为动作设计，它是动画系统的一个较为重要的组成部分，因为一件动画作品只有在"动"的过程中才能真正地被表现出来。动画设计不仅要解决刚体（Rigid Body）在3D空间中的运动和变形，还要对一些特殊的物体进行动作控制，如人体运动中各关节的关联运动、

图 1-21　《功夫熊猫》中各个角色的动作设计具有中国功夫特色

自然现象、自然生长的模拟，另外也要对场景所处的环境参数进行动作设计，如灯光的组合、位置、照射方向、光线的颜色，摄像机的机位、拍摄角度、镜头的类型、焦距的大小等。

对于这一环节而言，无论是二维还是三维制作，除了必须使用电脑作为动画画面的制作工具以外，对动画技术、动态以及动画同步的了解都是非常重要的。另外，电脑动画师还应该了解人物制作动画的规律，如结构、动作、重量，统一协调各部分的关系做好动画的调节。制作传统动画、定格动画以及黏土动画的经验对于成为电脑动画师是非常有利的。

动画设计主要可分为关键帧动画、模拟仿真动画、基于参数的动画三大类。

关键帧动画技术最早应用于动画制作，在 2D 动画中，因为没有物体的深度及物体间是否相交等信息，因而较易实现。3D 动画的关键帧技术是在 2D 动画关键帧技术的基础上发展起来的。首先

由动画制作人员在三维笛卡儿坐标系统中定义出物体的位置、走向等特征，通常可由两个矢量来描述：

① location=（x，y，z）

② orientation=（roll，pitch，yaw）

其中，（x，y，z）表示物体中心所处 3D 空间偏离坐标原点的位移，（roll，pitch，yaw）表示物体的空间走向。

然后画出关键帧画面，再输入一个关键帧之间的物体运动路径，即可由计算机采用中间插值的方式自动生成中间帧画面。这里的插值包含两部分的内容，即物体运动路径插值和物体形状插值。

对于不是理科专业，没有计算机语言基础的同学，MEL 语言和参数输入有困难，大多采用关键帧动画，也就是 K 帧，能更直观地观看实时的运动效果。

模拟仿真动画使用三维实现是现阶段最好的手段，这种动画制作技术是随着软件和硬件的进一步发展而产生的。在这种方式下，通常是根据模型或某种自然景物的生长规律及自然现象的变化规律来生成动画。如应用在工业机械仿真中，由于机器运转均由设计所限定，有一定的周期性、规律性，因而较易进行制作仿真。在三维动画中应用更多的是对自然生物的生长模拟及对自然现象模拟，当我们仔细观察自然界的形态时，就会注意到形态的各部分关系仿佛隐藏了反复和相似形的某种原理，如鹦鹉螺是螺旋形生长的生物；一棵树的枝枝杈杈有着类似的形体，只是位置与生长方向有些差别；还有海浪、云、山脉、草地等，它们都客观存在着相似性的规律。川口（Kawaguchi）在 1982 年的 SIGGRAPH 计算机图形、图像特别兴趣小组大会上发表了根据他的生长模型算法实现的珊瑚、海螺等海洋生物的生长变化情况，作品非常逼真。此后，更多的人对生物生长和自然现象进行了更深入的研究，每一个粒子由其在 3D 空间内的轨迹来控制它的运动。现在 Maya 等三维软件集成的粒子系统已经相当强大，能够利用粒子系统很好地模拟火焰、烟云、

图1-22 动画电影《疯狂原始人》中的特效画面

图1-23 动画电影《冰河世纪》《疯狂原始人》《亚瑟和他的迷你王国》《卑鄙的我》中的造型

光晕等自然现象。粒子系统要求粒子数越多（几万到几十万），模拟产生的效果越逼真，相应地运算量也较大（图1-22）。还有特殊镜头的模拟，将其从清晰景物的产生推变到模糊景物，能够得到一些更为逼真的镜头运用和自然图像。

同样，对于三维动画中相当一部分的运动，不是由物理的表演而产生的，而是通过设计师有意识的加工而形成的一种对运动效果的模拟。它能够表现出其他艺术所不能表现的运动美，使人类对运动的想象力和创造力发挥到极致，也正是这些运动构成了影视动画富于表现力和吸引力的美学特征。但是，三维动画艺术中对造型和运动的夸张性演绎是设计师理性认识和感性认识双重作用下的产物，一方面它源于设计师对真实世界的运动和形态的全面而准确的理解；另一方面，为了深刻地反映人物的性格，烘托环境的气氛，设计师可以不受现实条件的限制对其进行艺术的变形加工，从而使三维动画艺术具有真实而夸张的艺术感染力和视觉冲击力。

1.3.3 三维动画艺术丰富的造型语言

对于造型而言，角色形态和场景的构成永远是屏幕视觉的中心，动画在虚拟环境中的制作手段突破了现实中种种条件的限制，在对三维动画的场景和人物的形、色、质进行塑造的时候，可以任意放大或缩小某些细节，以营造强烈的视觉冲击力和感染力，从而使受众获得奇特而新颖的审美感受（图1-23）。

图1-24 三维角色展示

3D物体造型是制作动画作品的基础，对于动画中的景物，包括各种形体本身、大小、位置的变化以及不同形体间的形态转换和真实的透视效果等，均可通过3D造型来实现。3D物体造型技术是在计算机上通过软件构造几何形体并加以运算的技术，其目的是构造出所需要的景物模型（图1-24）。

现在作为影视艺术的重要分支，关于三维动画的创作定位，最重要的一点，是必须以电影艺术的高度来作为所有创作工作的前提要求。这一要求贯穿在创作过程的每一个环节，小到三维模型的转折面的节点数量、每个关节动作的调节，大到整场戏的风格、画面气氛的设定、工艺流程的细致程度等。当然造型语言是创作的首要部分，直接关系到影片的质量和观影体验（图1-25）。

由于三维软件的制作特性，造型的生成有其先天的优势，可以运用不同软件的特性进行有针对性的创作。

1.4 三维技术对于虚拟情境的实现方法——技术美

三维动画创作有其自身的特点和优势，除了风格造型的审美是首要因素外，技术美是技术活动在艺术作品中所表现的审美价值，是技术美学的最高范畴。技术美与技术紧密相连，没有技术也就没有三维动画发展的土壤。全三维数码动画艺术是建立在计算机硬件、软件技术发展的基础上的，它的审美价值很大程度上依赖于技术的环境，在全三维动画产生发展之初，每一次视觉上产生的新冲击，都与新技术的应用密切相关。因此，全电脑三维动画艺术在成长发展的阶段，其审美价值多表现为技术美（图 1-26）。

技术与艺术的完美统一是电脑三维动画制作的前提和最终目标。从皮克斯对三维动画的研究和探索中可以发现，在形态方面，从简单拥有人体动作和模型的动画短片《锡铁小兵》，到《棋局》中老人的皱纹与关节，再到《超人特攻队》有机而多变的人体，角色的造型和动作越来越趋于优美和流畅；在质感的处理方面，从《锡铁小兵》中的硬质短裤，到《棋局》中晃动的衣襟，到《怪物公司》中根根如丝的毛发，再到《For the Birds》中柔美的羽毛，其质地也一步步地趋于真实；在效果的营造方面，从《红色的梦》中夜晚的雨滴，到《小雪人大行动》中飘动的雪粒，再到《玩具总动员 2》中架子上 240 万个灰尘颗粒，其气氛的烘托也逐渐步入成熟；在光效方面，从生硬的光感到《小台灯》中的阴影、多重光源和动态模糊效果，再到《棋局》中婆娑的光影，其画面效果也更加丰富和细腻。在这每一次视觉观感改变的背后，都是技术在做支撑，技术所能达到的这种虚拟的真实，让三维动画的受众无不感叹于技术所创造的视觉冲击（图 1-27）。

图 1-25 台湾动画《飞跃蓝调》

图 1-26 《变形金刚》中展现的机械质感造型

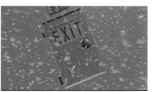

图 1-27 Pixer 动画《棋局》《小雪人大行动》《怪物公司》

技术的成熟使得三维动画制作软件不再是传统的 Maya、Max，更多的如 Zbrush、UVlayout 等辅助性的工具与 Maya 等专业软件接口更便捷，对于其中一些模块的丰富，使得制作的创造性和操控性得到了更好的补充。计算机三维动画制作系统就是利用计算机图形图像技术将现实生活和幻想世界中的人物、场景、道具等直观地表现在人们的视觉中，并在时间轴的作用下使景物从 3D 空间转向 4D 空间，从而创造出优秀的动画作品来。

1.4.1 灯光与材质对于动画艺术特性的塑造

"影像的冲击力大部分来自灯光的运用。电影制作中，灯光不只是为了照明使其看到动作。一个画面中的明亮或者阴暗的区域不断创造出每个镜头的构图，从而将观众的注意力导向某些特定的物体或动作"。① 一片明亮的区域可以吸引大家注意一个关键动作，同时一盏射灯投射一片阴影则能制造悬念，引人入胜（图 1-28）。电影的灯光有四个主要方面：性质、方向、来源、色彩。灯光的性质指的是照明的强度。"硬"的光形成非常清楚的阴影，而"软"的光则有散射的效果。在自然界里，中午的太阳可产生硬光，而阴天则产生柔光。

在现实世界中，光线作用于物体表面所产生的反射、折射等效应是极为复杂的，将这些因素都考虑到模型中是不现实的，光照模型并不能精确地反映现实世界中的各个细节，而只能尽可能地接近实际条件。在动画系统中应用的光照模型大多只考虑一些主要的光线效应，而且将光源作为点光源。这些光照模型主要由环境反射、漫反射、镜面反射三个分量组成，这三个分量构成了物体表面至人眼的反射光。尽管模型各有不同，越是复杂的模型生成的图形越逼真，但由此带来的运算及编程的复杂度与存储空间的消耗也越大。在3D 动画系统中常用的是一些简单的光照模型。运行在工作站上的 3D 动画系统一般都提供光线跟踪（Ray Tracing）模型作为选件，以适应用户的特殊要求。

光照模型只能生成视觉上光滑的物体表面，但现实世界中的景物具有各自不同的表面细节（纹理）。只有真实地模拟物体的纹理才能使生成的图形更接近自然景物。物体的纹理一般可分为两种：一是表面的颜色纹理，如花瓶上各种非立体图案；另一种是表面的几何纹理，如桔子的皱褶表皮等。颜色纹理取决于物体表面的光学属性，而几何纹

① （美）大卫波德维尔，克里斯丁汤普森 . 电影艺术——形式与风格 [M] . 彭吉象译 . 北京：北京大学出版社，2007.

图 1-28 动画电影《卑鄙的我》

图 1-29 动画电影《机器人 9 号》

理和物体表面的微观几何形状有关。模拟物体表面精致的不规则的颜色纹理，在物体的表面形成真实的色彩花纹（颜色纹理）（图 1-29）。

进行艺术化处理的光源，为了塑造气氛和塑造影像造型，画面内所见的光都是主观设置的。灯光还是镜头气氛的主要缔造者，营造镜头的空间感，灯光也决定了画面构图。所以，在影片中，光的运用不是在于照明场景，而是在强调画面场景空间造型和黑白灰关系，为了更易于最后画面的统一，尽可能地把环境的光与人物的光源关系剥离开来。在制作中，除了部分特写镜头，都是以天光为主光源，强调灯光的连景性。在大的平面的黑白灰构成前提下，强调个体的造型和空间。光的设置目的在于塑造体积、空间，画面色调可设置为黑白灰关系。而如果一定要表现光线本身的美感，那么场景中的探照灯和窗户的光就是影像画面的高亮区域（图 1-30）。

图 1-30　动画电影《汽车总动员》

图 1-31　动画电影《海底总动员》

灯光可以因其光源的不同而表现出不同的特性。在动画片里，虚拟的手法有可能把整个场景照亮，可以塑造任何状态的光线。和任何技术一样，灯光的创作可以成为一部影片的画面造型最重要的手段和叙事的基本语言。光的艺术造型语言，首先是"戏"的要求，然后是画面造型风格的设定，最后是制作技术上的限制。在制作上，一般镜头里，不易强调人物的受光与背景受光的四个特性的统一性，如：Pixer 的《海底总动员》中光的运用达到了空前的高度，光是三维影片中表现的重要元素。无论是渗透日光、斑驳的剔透海波纹、还是局部打光的深海对话，均强调角色外轮廓造型。在制作时，色调、光源、强度、色彩、物理性质都是灯光师需要传达出来的形式美感（图 1-31）。

1.4.2　运用软件呈现不同的表现风格

实现影片的艺术追求，是通过对一系列的艺术元素的组合应用，来形成特定风格的艺术语言。

在影片的三维数码创作部分，通常对物象的细节造型、画面质感、灯光气氛、空间深度等方面的艺术表现元素进行加工和提炼。

有人认为三维影片的风格趋于雷同，如何塑造属于本影片特有的影像视觉风格，下面将从艺术手法和软件技术两方面剖析应用的创作技巧。

1.4.2.1 细节的处理和刻画

影片中物像的细节是指与故事情节和人物命运有密切关系的，并形成艺术形象的场景局部和物件。当然，细节不只是视觉画面效果上的细节，还指电影中其他艺术元素的细腻表现（图1-32）。

足够丰富的细节（包括所有的视听元素）是电影之所以成为电影的原因。首先一个客观因素就是：没有足够的细节来丰富画面，苍白空洞的银幕引不起观众的观赏兴趣；另一方面，在电影放映的时间内，要传达足够的信息量也需要丰富的细节。尤其是动画电影，影片画面本身是否制作精美，已成为电影艺术水准最直观的评判标准。

对细节足够的刻画是影片追求"制作精良"的首要途径。这里要强调的主要是三维制作的内容，包括场景、角色、气氛的渲染。这些细节包括：场景内容是否足够丰富，场景内道具的质感、肌理是否细致。

无论是什么题材的动画电影片，对细节的把握是一个课题。如果作为现实主义的创作方向，首先就是要追求画面真实。作为电影，要求有更丰富的细节，并要区别真实与逼真。作为动画电影，真实在这里更多影响的是表述内容，而逼真更多是表现在影像内物体的质感上，影片追求的是真实而非逼真（图1-33）。

相比二维人物简单的线面塑造手法和手绘的场景，三维制作如何与之保持统一需要从细节刻画和质感表现上去把握。理论上讲，三维技术可以制作出我们想象到的任何画面效果，对细节的逼真表现是三维技术的优势所在，对逼真细节的塑造不存在技术问题。但是如何运用这种技术创作真实的有绘画美感的影像就需要有巧妙的艺术手段和对艺术创作的把握能力。我们从现实主义画派中汲取营养，作为艺术风格的把握。如果背景绘制得像照片一样真实，那就失去了意义，相反地，应该对背景进行提炼和加工（图1-34）。在具体的实践创作中，这是主要的创作方向。首先，作为制作背景中的效果，需要经过场景设计、设

图1-33 动画电影《飞屋环游记》中的质感细节

图1-34 电影《变形金刚》的造型质感

图1-32 电影《变形金刚》、动画电影《疯狂原始人》中的细节表现

计稿、背景绘制、后期合成加工等阶段，每人都会有自己的特定的、长期绘制的风格，这需要导演的把握和控制。通过精确的数值控制图像三维数码制作在这方面就有一定优势，将严密的监督和经过核定的标准的前期设定为依据，让三维技术参与制作的整个过程，并对艺术效果统一把握。

1.4.2.2　绘画质感影像的塑造

这是最具特色的三维艺术创作成果。重点表现三维技术与二维技术相结合的制作方法。二维制作的影像质感是带有局限性的，传统的制作技术不可能达到照片那样逼真的效果。相对而言，三维技术所具有的虚拟功能是无限的，为了保持影片画面质感的统一性，三维制作要求以绘画质感的影像追求为统一追求方向，舍弃三维技术擅长的模拟现实的逼真质感。在此基础上，展现三维制作的具有细腻空间但有绘画性质感的影像，把二维制作的优点和三维制作的长处结合起来为创作所用，从而拓宽动画的影像创作语言。绘画性影像的质感主要体现在镜头内物体的肌理质感、影调等元素。解决这些问题的关键在于创作者的艺术创作能力上，主要包括贴图的绘制、灯光设置、材质球的调节三个环节上。这里需用到反常规的办法，材质球通常要还原物体在现实环境中的质地，如玻璃的质感，在材质球的调节过程中，只要求充分展现贴图的本来面目即可（图1–35）。

所以，将三维制作的所有物体的质感在贴图绘制时加以解决，是下一步所有操作的前提。之前提到镜头内的肌理细节主要通过贴图表现，这与整个三维制作技术方案的指导方针相统一。灯光的设置方法也如此，灯光只完成大的形体塑造，受光、背光和反光。很重要的一点就是镜头内物体造型不易生动明确，在这种情况下，贴图的造型能力就发挥作用了，通过高光和细节的绘制来达到细致表现镜头内部物件的特征和气质（图1–36）。

但是，问题又出现了，我们不知道物体的高光会在哪里出现，更不可能为每个镜头、不同的机位绘制不同的贴图。所以需把高光定在物体造

型的转折处，利用了生活中的客观现象，即凡是在物体转折、凸起的地方都是容易被磨损的地方，对这个部位进行加工强调。同样办法解决了两个重要问题，但三维技术的模型有明显的缺点，即边线和棱角很直、很死板，因此模型的边角、折边线地方通过贴图进行视觉上的处理，在镜头中对近景的物体模型作适当的调整，再在最后渲染时作适当设置，就可以很好解决三维技术制作的难题。所以这是一个由材质设定、灯光设置、贴

图1–35　动画电影《疯狂原始人》（上图）、《飞屋环游记》（下图）画面

图1–36　电影《阿凡达》场景

图绘制、渲染设置共同组合的方案，每一个元素都不可或缺。

以上提出了创造绘画性影像质感的技术可能性。影片中要强调自身特有的审美，很重要的手段就是绘制贴图和设置灯光的艺术性。贴图的绘制除了要遵循以上的技术要求外，还要把贴图本身当作一幅艺术性的绘画进行制作，因为材质球的设置是以完全展现贴图原本的美感为目标的，所以贴图的艺术质量直接影响最终的效果。为了绘画质感，首先强调的是有一定程度的笔触感的体现，在某种意义上，笔触成了绘画性的特质体现。还有就是对颜色的提炼，既保留真实的肌理特征，又有一定程度的加工，这也是绘画的特质所在。这两点与前面提到的造型概括提炼是相统一的，都是绘画质感影像的艺术手段。绘画性的影像塑造还有很重要一个问题，是影调的把握，这涉及两个因素：灯光和贴图（图 1-37）。

1.4.3　三维技术拓展了动画艺术的表现

"大部分艺术品的目的并不是真实地再现物体的基本结构。然而，对物体的任何一种再现，如果不能使人一眼就能看出它是由该物体的视觉概念变形而来，就不能算是一件成功的艺术品"[①]。造型细节刻画的要求是把握大的结构特征，细节概括要统一，在关键部位加以刻画，强调时代特征，强调整体协调，删去过多的不必要的细节。

对电脑数字技术，首先想到的是它自由创作的虚拟能力，但回避不了的问题是技术的使用都有其限制性。创作时，在对具体的制片环境和艺术追求上，会遇到各种限制元素对技术的影响。数字三维技术与传统二维绘制技术结合使用的时候，三维技术在创作上会受到二维技术的限制，这个限制不仅体现在艺术效果上的融合协调，还表现在制作工艺上的结合。如后期制作上，传统二维动画与数字三维动画的后期制作工艺完全不同，二者之间在技术和流程上需要得到很好的匹

配和协调。如何发挥技术优势，突破限制来进行创作，是传统动画电影创作中三维数字技术应用的重要研究课题（图 1-38）。

图 1-37　动画电影《机器人 9 号》《极速蜗牛》

图 1-38　电影《狄仁杰之神都龙王》中的概念设计与三维场景设计

---

① （美）鲁道夫·阿恩海姆. 艺术与视知觉[M]. 滕守尧、朱疆源译，成都：四川人民出版社，1998.

数字三维技术在传统动画创作的应用中大大提高了传统动画片的艺术魅力，在动画的创作语言上也产生了一定的变化。动画片通常包含以下特点：

● 动画角色、背景和道具由三维技术制作。

● 应用运动镜头，画面追求"美术风格"的质感效果，与手绘的动画角色质感相匹配。

● 背景制作越发细致，从而更多地参与影片叙事和主题表达。

在创作时，要控制空间层次划分画面黑白灰、灯光设定等影像元素的协调和统一，达到最终的匹配协调，这也是三维数字创作效果与二维制作效果相匹配的基本艺术手段。有时甚至要考虑，在三维数字制作技术与其他创作手段结合进行创作时，打破单方面考虑和要求三维数字创作效果，同时考虑其他制作效果是否可以改变一贯以来形成的定式的制作效果，从而进行重新的设定和创作，与三维数字创作效果一起塑造影片的新的视觉感受。所以，在创作上要重视的不是如何使用三维数字技术仿制什么效果，而是如何与其他绘制艺术手段结合创作新的影片艺术感受，追求新的观影体验。除了设定好艺术效果和创作要求外，还要根据实际的制片条件和影片艺术要求，制定合理有效的技术方案。因此，在影片创作中，如何运用三维数字技术，发挥好它的影像造型优势及其工艺制作流程，都需要创作人员去研究和探讨，把二维和三维两种技术手段制作出来的素材，在后期合成中完成统一的影像。在创作过程中，要考虑后期合成、调整的技术方案。

另一方面，在美术风格设定上也要考虑采用哪种造型手法最合适，或卡通或超写实或具象。美术设定的内容包括：场景设定，角色造型设定，道具设定，这些设定要符合三维数码制作技术的要求进行创作（图 1-39）。

"50 号老机器人"的制作就是一个很好的例子。在时代特征上把握大的结构，如：身体运动的结构、烟囱、橡胶动力轮等。但在具体结构上又作了很大调整：如蒸汽管，甚至动力轮的数量，还有铆钉等，最重要的是把握了老旧繁复结构的感觉。而在贴图绘制上，对身体上的肌理和部分结构进行夸张渲染，在与相对简化提炼的"80 号"模型结构形成互补的同时，而其表面的质感刻画又很细致。对整个厂房内的设备的刻画则采用粗犷单一的材质，加以细致的模型结构，既突出了角色的表现，也达到统一而又细致的细节刻画（图 1-40）。

图 1-39　《机器人 9 号》中的场景和道具描绘

图 1-40　原创动画短片《50、80》中的场景、角色局部

1.5 三维动画艺术虚拟情境对表现主题的诠释——意境美与精神美

《周易·系辞》中有言"圣人立象以尽意",《老子》中也提到"大音希声,大象无形",这种"意"和"象"的关系反映了中国古代美学思想中虚实相生的意境美学内涵。动画创作者创造三维动画艺术,就是以虚拟性的动态影像和夸张性的叙事场景将人们的心绪和意识带入一种奇特的审美情景之中,产生虚实相生、情景交融的精神意象。

1.5.1 通过虚拟情境表现的审美意境

所谓电影的三维空间感是透过深度感来制造的,深度感则有灯光、场景布置、角色的表演来展现,这个元素赋予了空间体积和层次。"眼睛对于深度距离的感觉,不仅仅是通过图形的重叠进行的。凡是具有深度层次的视觉对象,看上去还是变形的和具有一定的体积感的"。[①]

全电脑三维动画用虚拟而又不受现实条件限制的创作手法,具有很强的开放性和扩张性,它

能够创造出人类视觉在现实生活中所不能感受到的光影景象,甚至拟造出另外一个完全陌生的世界(图1-41)。

这样,在这种与原有视觉景象和心理原形所形成的强烈的对比与反差中,增强了动画受众的好奇心与欣赏欲望,并使其审美想象力得到自由地发挥,迅速地融入动画影片的艺术氛围之中,构成审美意境。同时,三维动画片依靠高科技手段,创造出人类能想象出的任何情境、物像和人像,为观者塑造历史的、自然的、人文的,甚或魔域的"幻觉"场景,使生活在工业化社会中的人们在获得视觉冲击力的同时,复苏人类的原始记忆,重温童年时代的梦想与异念,洞察在现代工业文明车轮之下的人与自然互相戕害的残酷,从而感受到无比强烈的精神震撼力(图1-42)。

1.5.2 三维动画艺术诱发和拓展了审美想象的空间

通过对以上所介绍的技术因素和艺术要求进行组合,把绘画性的美感带到虚拟的三维空间中来,营造新的视觉体验、空间表现。

我们都知道电影与空间的变化有关。影像投

图1-41 《瓦力》中塑造出的给人以想像空间的构图画面和情景

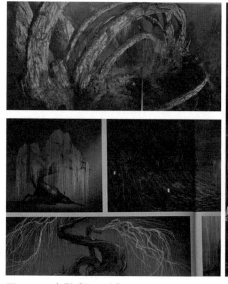

图1-42 电影《阿凡达》原画和场景

① 鲁道夫·阿恩海姆. 艺术与视知觉 [M].滕守尧、朱疆源译. 成都:四川人民出版社,1998.

射的银幕是平面的，像照片或图画，构图都在一个框中。场面调度的安排创造画面内空间的构图，二维的构图由形状、质地、灯光和阴影的形式组成。影片的构图展现出故事发生的三维空间。虽然画面是平的，但是场面的调度可以引导观众感受场景的透视空间，观众的视线是被光影制造的立体感所引导的。三维技术的制作在动画影片制作中最大程度上发挥了这一个长处。三维技术在塑造空间造型时，除了精确地虚拟三维度物体造型展现之外，虚拟的空间内，虚拟的摄像机拥有比真实摄像机更大的空间运动可能性。所以，三维技术的运用在很多时候体现在使影片能够自由任意地运用运动镜头（图1-43）。但在与二维制作技术结合的时候，这样的运用会受到很大限制，主要是二维制作很难把握在镜头运动时所产生的空间透视变化。当摄像机在虚拟的三维空间中运动时，就加大了时间的概念，时间在创作中意味着对速度、构图变换上的节奏的控制。对这个节奏还有不断随透视变化而变形的掌控，在二维创作制作上存在一定的难度，最重要的难题还是涉及制片上的工作量的问题。

　　在影片中，所谓电影的三维空间感是透过深度来制造的。深度感则由灯光、场景布置、角色的表演来展现，这个元素赋予了空间体积和层次。眼睛对深度距离的知觉不仅仅是通过图形的重叠进行的，而是具有深度层次的视觉对象，看上去还是保持变形或具有一定的体积感。在三维创作中，灯光和摄像机的结合很好地表达了这一点。需要强调的是，画面的空间并非真的一直延伸下去，而是完全依靠观众基于现实经验的深度感觉去想象空间的真实性。塑造空间要通过场面调度中的线条、图形、明暗反差以及前景、背景之间的关系来完成。体积、镜头内部层面、空气透视和透视变形等是最重要的元素。塑造体积就是要在空间上，从左到右、从上到下、从前到后通过形状、阴影和运动进行塑造。场景空间层次的塑造办法就是在镜头内的场景中，对所有道具物件、角色等元素进行前、中、近组合摆放，并在颜色

图 1-43　电影《阿凡达》场景

图 1-44　动画电影《疯狂原始人》场景

上加以区别，以及对灯光明暗对比等手法的应用。空气透视就是近实远虚的物理空间现象，因片中使用三维的雾气和深度通道的技术，用分层后在后期进行近实远虚的调节的办法来达到三维技术所擅长、模拟现实空间的艺术效果（图1-44）。

　　有事物本身创造空间，空间并不仅仅是灯光和摄像机艺术运用的结果。"任何一个视觉形状所产生的影响，也都会越出它自身所在的范围，在某种程度上讲，还会在它周围产生一定的空间模式"。[①]通过这种办法表现镜头的空间深度。但是三维制作的虚拟空间与带有主观的、随意性感受的手绘分镜头的空间存在差异，于是，三维制作对实现分镜头的设定要进行再次创作。再次创作是基于与分镜头基本相同的镜头量、镜头时间，对

① （美）鲁道夫·阿恩海姆．艺术与视知觉［M］．滕守尧、朱疆源译．成都：四川人民出版社，1998.

镜头构图进行调整，这涉及镜头焦距、对比度、构图、角度、背景、虚实等方面的调整，整体强调纵深感全景镜头（图1-45）。分镜头强调透视的美感，多采用超广角镜头，主体造型在手绘时自然地做了相应的变形，但是在三维虚拟空间里，造型会出现与现实一样的透视变形，在采用相同的广角镜头时会出现无法匹配分镜叙事要求构图的情况。所以，在再次创作的时候，对镜头的叙事和视觉美感有很高的要求。

图1-45 原创动画短片《50、80》中的实验场景

第 2 章　三维世界的光

2.1　动画中光的理论

2.1.1　关于光

"光的照明形式中，空间和光线是不可分割的组成部分。光呈现的质感、亮面，并提供生活和灵感，以及所表达它和它周围的结构，里面的功能。这些都是创造氛围和感觉的空间需要做的事情。"

这句名言是现代主义建筑大师柯布西耶总结的对于光的理解，无论是从建筑还是摄影、从电影还是动画角度，都是想要营造一个真实或是虚拟真实的环境。动画对于其他艺术学科来说是相对年轻的专业，因为专业的特性，"动画"可以说是一个艺术的广义词，在不同的制作阶段会将相关的传统学科知识体系融入动画的创作中。创作所有的环节都在不断地发展，包括创作的理念和软、硬件的操作环境。

动画中的光是特定环境的虚拟再造，根据镜头的转换和链接需要连贯的光影。

三维动画中所有的造型和光影都是虚拟创建的，包括光的类型、方向、投影所呈现的画面。在三维动画中，看似只是运用软件技术完成布光的目的，但实际上是动画师运用计算机图形图像知识，构造的属于自己意想的空间。

本章节侧重于对理论知识的讲述，须知浅显的理论会影响动画师在创建光的过程中对细节的理解和效果的控制。只有了解光，才能充分利用光。在三维动画材质渲染中，光与材质是视觉效果表现的中心，因为有了光才能有观察世界的条件，不同质地和色彩的材质则成为光接收的载体。

2.1.2　光谱

在日常生活中我们会被各种波所覆盖，从 X 射线到无线电波，不同波的长度不同，但都是不可见的。在这两个极端之间，有一个很窄的波段是可见的，这就是光。可见光的波长是接近 X 射线端，因为它的波长小，从大约 400 纳米 ～ 800 纳米之间（一纳米等于十亿分之一米），这之间的波段，就是所谓的可见光谱（图 2-1）。

光谱（Spectrum）是复色光经过色散系统（如棱镜、光栅）分光后，被色散开的单色光按波长（或频率）大小而依次排列的图案，全称为光学频谱。光谱中最大的一部分可见光谱是电磁波谱中人眼可见的一部分，在这个波长范围内的电磁辐射被称作可见光。可以说光谱就是色谱，但是光谱并没有包含人类大脑视觉所能区别的所有颜色，譬如褐色、粉红色、金属色、荧光色等。

2.1.3　光与色彩

人们能够用眼睛去观察多彩纷繁的世界变化，先决条件是光，没有光，世界将是黑暗的帝国，它决定了人类生存的根本。从探源的角度来看，通过光谱我们知道太阳光的照射才是色彩产生的源头，光照射到物体表面，不同的色彩与质感才得以显现（图 2-2）。所以，光与色彩有着特殊的关系，我们

图 2-1　可见光谱

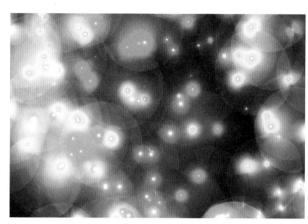

图 2-2 色彩斑斓的光感

除了要认识到光的物理特性，更重要的是根据光的物理特性来搭建组合自己的光影世界。光最基本的特性是照亮物体，配合计算机图形图像学知识和美学理论，我们不仅可以将一个环境点亮，而且还可以展现具有个性化的创作理念。

烘托一个情节的氛围，构造一个建筑的轮廓，不仅需要灯光位置和强弱的调配，也需要对画面色彩的控制。色彩作为光最重要的属性之一，没有光就没有色彩，而没有色彩的光只能算是照明工具，没有光的色彩更是无法被视觉系统所识别。

2.1.4 色温

颜色温度测量系统的工作方式类似于摄氏规范。开氏温度"0"K 等于我们熟悉的摄氏温度 -273.15℃，也就是说开氏温度减去 273.15 等于摄氏温度。这样做的原因是由于开氏温标从绝对零度开始，而不是指冰点的水。绝对零度是 -273.15 摄氏度，这就解释了为什么 273.15 是系统之间的差异。

19 世纪末，物理学家威廉·汤普森开尔文发现，激烈的碳要发出不同的颜色取决于它的温度。增加这种物质结果的温度在一个红色的光，然后随着温度的升高，一个黄色的光移动时为浅蓝色，最后紫色进一步增加。

基于这项研究，色温体系建立，色温是在物理世界中最常见的照明规范。由表 2-1、表 2-2 可见，真实世界光照色温比照。

光源色温不同，光色也不同，带来的感觉也不相同		表 2-1
<3300K	温暖（带红的白色）	稳重、温暖
3000 ~ 5000K	中间（白色）	爽快
>5000K	清凉型（带蓝的白色）	冷

常见光效色温对照表	表 2-2
光源	色温（单位 K）
蜡烛火焰	1900
太阳光：日落或日出	2000
面向对象的瓦家用灯泡	2865
荧光灯	3200 ~ 7500
钨灯	3275 ~ 3400
阳光：清晨／傍晚	4300
阳光：中午	5000
阳光	5600
阴天	6000 ~ 7000
夏季的阳光加蓝的天空	6500
云天	12000 ~ 20000

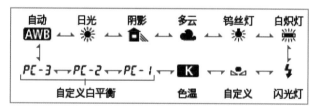

图 2-3 数码相机的白平衡调节

传统摄影摄像由于设备的限制，对于色温控制比较重视，视为摄影色彩掌握的重点。数码摄影技术的普及和电子测光的发展，色温数值调节大多由白平衡来替代，使得更容易被掌控（图 2-3）。对于三维动画中的打光，可视化操作及数值调整很便捷，色温可作为参考值。

2.1.5 光的特质

物理属性

不同类型的光有不同的物理属性，现实生活中几乎每种光源都有其不可复制性。在三维软件中也是如此，将灯光的属性分类，以菜单、参数调节的方式呈现，不同光源的属性表现在不同的参数设置上，虽然有可视化的操作界面，实时浏览创建效果，但无论是单光源还是多光源组合的场景，都需要相互调节参数。灯光的属性可以说是打光的基础，所以要细致地观察学习、灵活应用。

1. 光的强度

通常所说的环境的明或暗，是指光的强度，光的强度是光最直观的属性。强度（Intensity）值的大小决定光源的强弱，理论上单光源的环境下强度值越大灯光越亮（图2-4）。往往场景中灯光的关系并不简单，每个光源都有自身的亮度值，如果在多个光源的情境下，光源亮度会相互影响。在不改变主光源的前提下，想要达到真实的光线效果，必须调整辅助光或是环境光的强度，或者在不改变场景光照效果的前提下，调整主光源的强度，保持光效稳定。

Maya 操作中 Intensity 范围值为 0 ~ 10，默认为1。Intensity 值为0表示不产生灯光效果，Intensity 值为负，可以减少或去除热点或耀斑（图2-5）。

在动画创作中也常用到负值的灯光设置，这主要是针对在大场景中，在灯光衰减时弥补局部位置的灯光效果。使用负值设置时，灯光的颜色也要设置颜色的补色效果（图2-6）。所以，在使用过程中要十分小心，避免镜头画面发粉、发黑的效果。使用得好，可以使画面层次更丰富。

光强度中有两种表现效果，一种是硬光，一

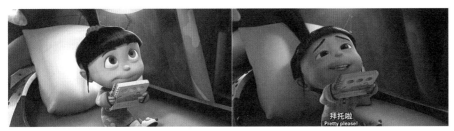

图 2-4　动画电影《卑鄙的我》中光强弱比较

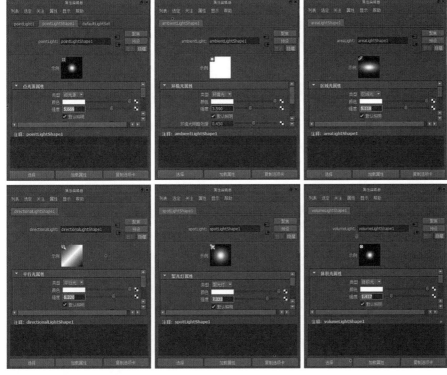

图 2-5　不同光源的强度值调节

图 2-6　灯光使用负值设置

种是软光，即光的柔和度。硬光是强度相对较大、光线聚集度高的光源，其投射范围内产生的阴影清晰，射灯、聚光灯在近距离照射的时候有硬光的光效。柔光在现实世界中比较常见，当强光超出其照射范围或是受到物体阻挡，就会出现散射或漫反射，相当于光源的强度发生了不同程度的衰减，生活中常见的光源如：自然天光、台灯、蜡烛等都属于柔光，它的光亮区域和形成的阴影都比较柔和（图2-7、表2-3）。

常用应用场景灯光使用表　　表2-3

	场景／光源
硬光	晴朗无云的日光天
	突出体积光照明的场景
	舞台美术用聚光灯
	突出表现阴影的场景
柔光	多云、阴雨天
	日常生活照明光源
	人物特写用光
	艺术摄影用光
	超写实场景用光

2. 光的衰减

上面介绍柔光的时候已经提到光的衰减，衰减是光的一种自然属性，衰减值除了可以对光源的强度和衰减值做修改之外，还可以对光的投射距离和范围做调整来辅助调整。如果是太阳光，因其是一种特殊的光源，属于点光源，自身的强度很大，与地球的位置相对比较近，照射到地球上可以视为平行光，所以光的衰减值也相对有限。

以日常生活中的聚光灯为例，体验一下模拟真实的灯光效果。首先创建一个聚光灯，设置投射范围，即光源夹角，如图2-8所示，圆锥体角度（Cone Angle）值大小不同，投射区域范围则不同。

将"衰减"（Dropoff）值设定为10。衰减属性设定灯光强度从圆形区域的中心向外到边缘逐渐减弱。取值的大小视测试的情况而定，当增大"衰减"时，灯光的强度会减弱，因此需要增大"强度"来保持灯光的亮度，如图2-9。

软件中设置的选项若要模拟光源的强度随距离自然减小，需要选择"衰退速率"（Decay Rate）来减小灯光的强度。"线性"（Linear）设置会以最小的急缓度减弱灯光，而"二次方"（Quadratic）设置会以最大的急缓度减弱灯光。"立方"（Cubic）介于他两个设置之间。

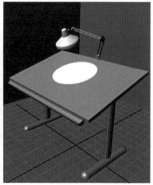

图2-8　圆锥角度分别为20°、60°

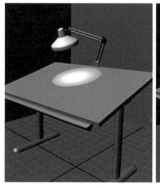
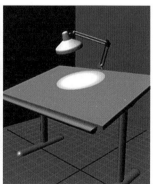

图2-9　将"强度"值从1增大到1.6

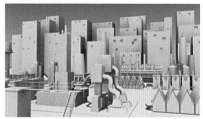

图2-7　原创动画短片《50、80》中柔光、强光

默认设置为"无衰退"(No Decay)，这意味着灯光将保持完全强度，不管距离多远。如果使用"无衰退"之外的设置，则需要增大"强度"。对于本案例，需保留"衰退速率"(Decay Rate)的设置"无衰退"。

将"半影角度"(Penumbra Angle)设定为10或 -10（图2-10）。该属性控制着沿灯光提供的照明区域的边的柔和度。同样，取值的大小视测试的情况而定。也可以使用负数从圆的边缘向内褪色。摄影机的观察角度会影响在边缘处褪色的外观。

在"属性编辑器"(Attribute Editor)的"灯光效果"(Light Effects)区域中，单击"灯光雾"(Light Fog)框右侧的贴图按钮（图2-11）。

该操作会提供光束照亮空气中的雾或灰尘的外观。在"渲染视图"(Render View)中渲染会产生以下结果（图2-12）。

与从灯具上方观察（渲染）光束相比，从某个侧角度观察（渲染）光束时，雾会更明显。

单击"灯光雾"(Light Fog)的贴图按钮时，Maya会创建一个灯光雾节点，并会在"属性编辑器"(Attribute Editor)中显示其属性。

实际渲染中"颜色"(Color)和"密度"(Density)属性对于改变雾的色调和透明度很有用，突出灯光光束的光效（图2-13）。这些属性仅影响灯光到曲面的方式，而不影响曲面上的灯光。

3. 光的色彩

如果说光是塑造形体的工具，那么光的色彩就是华丽多彩的衣衫。太阳的白光透过三棱镜能分离成红、橙、黄、绿、青、蓝、紫等色彩光谱，这是光的色散。光是一种以电磁波形式存在的辐射能，具有波动性和粒子性。

色彩世界的本质是一种光波运动，缤纷的色彩是光线辐射的结果，不同物体对吸收和反射光波的情况存在差异，比如人们能看到红色的花，绿色的叶，是因为它吸收了光线中的其他色彩，然后把相应的红色和绿色的光波反射出来。白色则是反射了所有的光线的光波，黑色则是吸收了全部光线的光波。因为有这样的性质，自然界中才有斑斓的色彩。

动画创作中，光的色彩主要应用在情绪和情节的渲染上，固然场景和角色的前期设计很重要，但不能忽略色彩灯光的对比关系和画面的整体感觉（图2-14）。

图2-10 半影角度设定为10或 -10

图2-11 灯光雾贴图

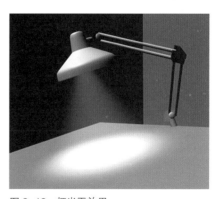

图2-12 灯光雾效果

图2-13 动画电影《极速蜗牛》中的光束效果使用灯光雾属性

图 2-14 动画电影《机器人历险记》场景

图 2-15 《瓦力》中多灯光组合加丰富材质的综合效果

光的色彩调节与色彩写生的要求一致，需要以自然光照射作为参考，在物体固有色的基础上进行的主观调整，这依赖于创作者有良好的审美和对动画艺术的创造力。

4. 光的行为

光的行为可以视为光的运动方式，无论是何种光源，照射方式都是直射发散的，只是方向不同。当光波投射到其他物体的时候，根据物体不同的材质会形成折射、反射、衍射的不同状态。光的不同行为产生了各样的投影形态和分散效果（图 2-15）。

（1）光的反射、折射、衍射

我们在现实世界中看到的物体颜色是物体与光相互作用的结果。当光波照射到某个物体时，可能会被该物体吸收、反射或折射。所有物体都会产生一定程度的反射和吸收。

在自然界中，有些光也可能会透射过物体，即光可以毫无影响地通过物体（如 X 射线），但是这些光不会产生任何视觉效果。我们涉及的是可见光的范畴。

下面总结了常规光反射的类型（表 2-4、表 2-5）：

光基本的吸收与反射一览　　　表 2-4

图例	说明
	吸收：光在物体上停止且不会反射或折射，材质显示为暗色或不透明 材质示例：木质
	平滑表面的反射： 光的入射角与反射角相等，入射光被材质表面弹回。 材质示例：镜面、玻璃。
	粗糙表面的反射（散射） 材质表面凹凸不平，光的入射角与反射角不相等。 材质示例：地球（这就是天空为蓝色的原因）。
	折射： 当光穿过物体时又以某个偏角度射出，材质显示为有透明度 材质示例：宝石、水

光的反射类型　　　表 2-5

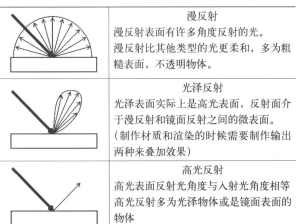

	漫反射 漫反射表面有许多角度反射的光。 漫反射比其他类型的光更柔和，多为粗糙表面，不透明物体。
	光泽反射 光泽表面实际上是高光表面，反射面介于漫反射和镜面反射之间的微表面。 （制作材质和渲染的时候需要制作输出两种来叠加效果）
	高光反射 高光表面反射光角度与入射光角度相等 高光反射多为光泽物体或是镜面表面的物体

在这些现象的作用下，光的投射方式间接地被改变了。更真实的灯光模拟不是靠单一灯光来实现的，而需要多光源、多方向产生更丰富的综

合灯光模拟效果。

（2）光的方向

光的方向是光的行为最基本的属性，光的方向是以摄影机镜轴向为参照物的照明方向。光源的方向直接影响被射物体的阴影方向、阴影数和阴影形态，所以对于光源方向的把控关系到画面处理的细节。

主光是指画面中光源的主要走向，主光照射方向的不同会产生的不同效果：

①正面光照射物体，会照亮整体，由于光较平的打在物体上，削弱纹理和阴影，不利于表现主体物的体积感和画面纵深感（图 2-16）。

②逆光照射物体，照射物体的轮廓清晰，阴影随着光入射角度的减小而拉长，常用于表现主体物的姿态和纵深。（图 2-17）

③侧光照射物体，可以将主体物的立体形状更全面地展示出来，纹理和阴影的呈现介于正光和逆光之间，利于表现体积感和质感的画面（图 2-18）。

光源的方向对画面色彩的明度、饱和度也有显著影响，正面光能达到最高的明度和相对适中的饱和度；逆光的明度和饱和度相对较低；侧光能得到相对适中的明度和饱和度（图 2-19）。

有遮挡必然有投影，这是众所周知的物理常识，应用在医学的无影灯似乎是个例外，这是利用了多光源相互交叉投射会弱化投影的原理。在动画电影中，需要突出三维软件的创作优势，结合奇幻的想象，以达到导演对灯光效果的预想。

为追求画面的平衡，或是补足照亮暗部，单一光源是难以实现的，需要有辅助光源的配合。用辅光照亮暗部细节，同时不干扰主光的走向，这与摄影上利用反光板效果相仿（图 2-20）。

当然，并不是光源越多效果越好，通过主、辅光源的合理搭配达到最优化才是关键，多余的灯光同样会造成场景文件渲染的负担。因为所有的数据都需要通过计算来实现，每个光源对每个物体都会有相应的计算值，所以当场景中灯光过于复杂的时候，会增大渲染的计算量，造成渲染时间延长，甚至是软硬件超负荷而停止工作。

图 2-16　动画电影《瓦力》中场景

图 2-17　动画电影《怪物公司》夸张的逆光表现

图 2-18　动画电影《飞屋环游记》中侧光照射角色

图 2-19　动画电影《怪物大学》中场景

图 2-20 《怪物公司》中的角色　　　　图 2-21 《怪物公司》中工厂场景灯光光效的一致性

在动画渲染中，一个场景或许会出现多个镜头描述，镜头类型也各不相同的情况，为保持镜头的一致性，场景主光源效果尽量保持不变，局部特写可以适当使用辅助光源（图 2-21）。

5. 光的混合

我们都知道色彩构成中的三原色：红、黄、蓝，如果仔细看下电脑显示器或电视屏幕，就会发现光的混合标准是截然不同的。显示器利用三种颜色光的屏幕，分别是红色、绿色和蓝色，被称为 RGB。这三种颜色是光的三基色。人眼对红、绿、蓝最为敏感，大多数的颜色可以通过红、绿、蓝三色按照不同的比例合成产生。同样绝大多数单色光也可以分解成红绿蓝三种色光。这是色度学 ① 的最基本原理，即三基色原理（图 2-22）。

RGB 模式是绘图软件最常用的一种颜色模式，在这种模式下，处理图像比较方便，而且 RGB 所存储的图像要比 CMYK 图像要小，可以节省内存和空间。

RGB 为相加混色模式，例如显示器采用 RGB 模式，是因为显示器是电子光束轰击荧光屏上的荧光材料发出亮光从而产生颜色。当没有光的时候为黑色，光线加到最大时为白色。

人的眼睛视锥细胞中检测到的光，大致与 RGB 颜色对应的三个区域的频率一致，人之所以能够感知得到限制区域的感光是由于人眼睛的机能决定的。人的眼睛只有这三个部分的可见频率

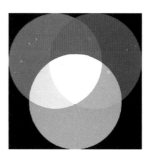

图 2-22 光的三基色　　　　图 2-23 Maya 中设置灯光颜色

的光谱。接收这三个频率的感光受体细胞称为锥体，这些锥体，分布于眼睛视网膜上，其中每个细胞接收不同波长的光。这三个值大致对应于红色、绿色、蓝色，但并不限于这三种颜色，这取决于和它们的频率相重叠区域锥体的感应程度。

事实上，眼睛的这种方式就好比是 RGB 调色板，传达了现实的影像，再现了人的眼睛的全部可见光谱。

确定灯光的颜色，单机该样本，或更改灯光在 Color Chooser 中的颜色，或将一种纹理指定在灯光上。如果设置一个纹理，则灯光将对其进行投影，默认设置是白色（图 2-23）。

2.2　搭建三维动画中的灯光

眼睛是最令人难以置信的复杂器官，因为有它，才使人类观察世界变得从容。但是在 CG 的世界中，一切固有能力都需要创建，现实中容易观察到的事物在这里变得不再简单，只有深入理

---

① 英文名称：colorimetry　定义：色度学是研究人的颜色视觉规律、颜色测量理论与技术的科学，他是一门以物理光学、视觉生理、视觉心理、心理物理等学科为基础的综合性科学。

解光的理论，让光源在三维软件中模拟得更加真实，才能使所创建的三维世界更真实。在三维世界里搭建灯光与暗房打灯类似，在一个无光的环境下把主体物按照预想的效果塑造出来。以下将细致地讲解三维动画灯光创作的基本流程，并测试场景效果。

　　首先，要确定的是无论是电脑硬件还是软件，都只是设计师的工具，它们提供系统平台和数据参数，并不是创作的主体。主体还应主要遵循创作者的意图，发挥创作者的想象空间，让审美意向发挥到最大限度。

　　在给一个场景打光之前，首先要根据剧情、故事板、分镜等因素来设定二维概念设定稿（图2-24），导演需要与美术设计师设定整个影片的灯光气氛的风格，如基本色调、主光源和灯光的造型风格等。概念设定稿对影片创作非常重要，有了设定稿，灯光师们就可以依据设定进行制作，有助于整个片子制作，各部门统一控制、传递信息，同样也会帮助灯光师及后期各部门对画面制作进行把握。

　　在设定稿中将主灯的方向、画面的色调、明暗的画面构成、投影区域、画面的戏剧氛围都表现出来，这个设定需在整个电影的风格中统一。如，《怪物公司》的灯光设定稿（图2-25）。

　　由《怪物公司》的灯光最终场景（图2-26），可以看出它和设定稿主光的方向、画面的色调、冷暖明暗的画面构成及阴影区域几乎一致。将两张图对比，可以看出，虽然是设计的不同阶段，但设定稿的颜色非常丰富，画面也非常灵活。尽管细节粗糙，但有很强的绘画质感，给予制作人员发挥的空间很大。经过三维制作，最终渲染效果的数码和商业味道较浓，虽然电影质感表现得

图 2-25　动画电影《怪物公司》灯光颜色设定稿

图 2-24　动画电影《怪物公司》概念设计稿

图 2-26　动画电影《怪物公司》最终效果

很好，但与设定稿相比相对死板。

2.2.1 在三维环境中创建灯光

默认情况下，Maya 场景不包含光源。当 Maya 场景中没有创建灯光时，在渲染时 Maya 系统会自动从摄像机创建一个方向灯，关闭此项灯光，渲染完成后，将自动删除。但是，Maya 的默认照明可以帮助用户在场景视图的着色显示中可视化对象（按 5 键）。如果禁用默认光源且场景中没有灯光，这时候可以通过 Window>Rendering Editors>Render Globals 打开渲染的全局控制，取消 Enable Default Light 的勾选即可（图 2-27），则场景将显示为黑色。

若要创建灯光（选择灯光类型），执行下列操作之一：

1. 从"创建 > 灯光"（Create>Lights）菜单中选择要创建的灯光类型。灯光会自动添加到场景中（图 2-28）。单击菜单中要为其设定选项的灯光名称旁的■。

2. 在"Hypershade"中，选择"Maya> 灯光"（Maya>Lights），然后选择要创建的灯光类型（图 2-29）。

3. 单击"渲染"（Rendering）工具架上的灯光图标（图 2-30）。

选择灯光，用 Ctrl+A 或者在 Hypershade 中双击打开灯光节点的属性，即可进入灯光的属性

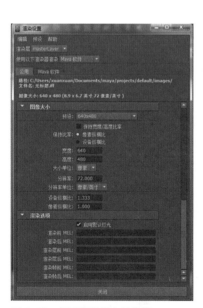

图 2-27 打开渲染的全局控制

图 2-28 灯光创建界面

图 2-29 Hypershade 灯光创建界面

图 2-30　灯光工具栏面板

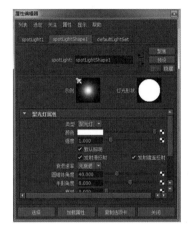

图 2-31　灯光的属性面板

图 2-32　模拟真实灯光光效

面板（图 2-31）。在属性面板的最上边可以修改灯光的名称，可以快速寻找灯光属性上下游的节点。Intensity Sample 和 Light Shape 显示的是灯光的强度采样和灯光的形态缩略图，在调节灯光的各种参数时可实时的观察它的效果。对灯光的颜色调节，也可从缩略图看出效果变化。

创建光源后，在默认情况下，新的光源将照亮场景中的所有物体（假设对光源的特性进行了正常的设定）。如果再继续创建物体，场景中的所有灯光将照亮新的物体，需要将选定灯光链接到曲面。

首先，选择要链接的灯光和曲面，在"渲染"（Rendering）菜单集中，选择照明／着色＞生成灯光链接（Lighting/shading-Make Light Links）。反则，断开灯光链接（Lighting/shading-Break Light Links）。

当然，可以通过改变灯光与物体的链接，以便指定特定的灯光（或灯光组）照亮特定物体（或群组物体），或反之，只有特定对象（或对象组）接收特定灯光（或灯光组）的照明。灯光链接可以帮助创作者更有效更快速地渲染场景，创作者可以创建灯光组来控制复杂场景中灯光和照明对象之间的关系。

光线的设置是营造画面气氛、建构空间层次、色彩影调等方面的重要手段。光线在设计运用过程中，必须有一个完整的整体设计，在整体上应该是风格化的，在场景上应该是典型化的，在具体造型处理上是风格化的。在光线设计运用中根据光源类别（自然光源、人造光源等），分别反映出它们各自的特征和相互之间的区别，以及光线的方向角度、强度等因素。

尤其是灯光的组合，灯光与灯光的组合、灯光与材质的组合、灯光与贴图的组合等，在这些基本技术的应用上充分发挥创作者的艺术修养和聪明才智。

2.2.2　现实环境的照明

我们在自然界中看到的物体颜色是物体与光相互作用的结果。当光波照射到某个物体时，可能会被该物体吸收、反射或折射。所有物体都会产生一定程度的反射和吸收。

现实环境中，当灯光照射在曲面上时，曲面面向光源的部分将被照亮，曲面背向光源的部分将变暗。如果某个对象位于第二个对象和光源之间，那么第一个对象会将阴影投射到第二个对象上（图 2-32）。

直接与间接照明

在一个完整的场景中，有直接光源的照射，也有来自于物体反射或是漫反射光源带来的真实晕染，组成完整的光效。

直接照明来自光源自身的强度、形态、色彩，是指直接来源于光源的物理特性，不受空间阻挡，直接达到被照射物体表面，如聚光灯照射舞台主体（图 2-33）。

间接照明也叫作全局照明，是场景中所有灯光之间互相反射的光效。间接照明不会以单一光源直接影响主体照明效果，用来模拟近似于真实世界里间接光效的投射，绝大部分的场景都是间接（全局）照明。

间接（全局）照明中，场景没有直接接收到光源照明，而是通过材质表面反射、折射的光照亮环境。因为材质的不同，可表现为将光源反射（不

图 2-33 动画短片《魔术师与兔子》中场景

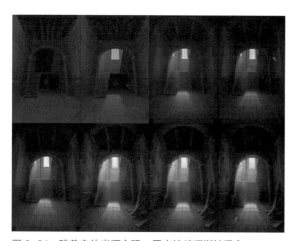
图 2-34 随着室外光源变强，屋内墙壁逐渐被照亮

图 2-35 动画电影《怪物公司》场景

透明）或折射（透明或半透明）。

白色墙将灯光从光源反射到房间内的其他曲面（图 2-34）。

皮克斯（Pixers）制作的《怪物公司》中的场景，黑暗的室内，开门门缝的强光直接照射到房间内角色上面，渲染出未知的恐怖气氛（图 2-35）。

《海底总动员》中唯美的光效模拟出海底奇幻斑斓的景致，水体可将灯光从其表面透射到海底。（这是一个焦散的效果，它是一种全局照明形式，如图 2-36）。

2.2.3 灯光的类型

根据光源的不同发光方式，在三维软件中被模拟的光源大致有点光源、聚光灯、平行光、区域光和环境光等，可以根据创建场景来选择布光的组合，以模拟各种环境下的光影效果。通常缺省状态下三维软件都有默认灯光状态，只是简单的照亮环境，如果开始对灯光进行编辑，默认灯光将自动关闭（图 2-37、图 2-38）。

图 2-36 动画电影《海底总动员》场景

图 2-37　灯光选择面板

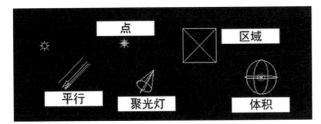

图 2-38　不同类型光在 Maya 场景中显示操作的图标

2.2.3.1　点光源

点光源是最简单的光源类型，特点是以一点为中心向四周各个方向均匀地发散，点光源可以模拟大部分自然光线的效果和多数物理光源，如：太阳光（根据日照的强度不同变化）、日常天光、白炽灯、蜡烛、火光等。

2.2.3.2　平行光（方向光）

平行光是光束平行照射，也叫作无穷远光。其特点是光线平行发射，不易随着空间和距离的变化而衰减。由于在所照亮的区域不会产生光照效果的衰减，光的方向性和投影的走向是平行光的效能特点，所以常来模拟太阳光的照射，或是强光的直射，以获得更明确的投影方向。

2.2.3.3　聚光灯

聚光灯是按圆锥形状向指定方向发射的光，也叫锥光灯。特点是能够利用圆锥角度造成光的衰减，制造不同的光效。聚光灯是模拟室内光源最普遍使用的灯光类型，舞台灯光、电影电视用光，无论是照亮场景，还是为主体物补光，根据需要都可以用聚光灯修饰，方便快捷。

2.2.3.4　区域光

区域光是特殊的光源，可以在指定的任意区域内发光，在小区域内照射效果明显，例如模拟灯箱照明、展台布光，为展品增加高光区域；或是为了节约渲染资源，窗口入室的光效通常都会采用区域光模拟。

2.2.3.5　环境光

这里所指的环境光是软件环境下的内容，不是标准的灯光模式，是软件内为模拟光源而进行的虚拟的渲染算法。通常为场景指定 Ambient（环境光），类似这种智能灯光模式，功能智能化模式比较高，效果相对单一，但模拟效果很明显，可以模拟真实的光源组合。

2.2.4　使用灯光分类

前面介绍了灯光的基本类型，根据灯光的使用分类还可以分为：主光、补光、背景光、特效光等。

主光是布光中占支配地位的光，照亮场景或是主体物形态的光源，它决定了画面照明效果和照明方向，也常称为“基调光”或“造型光”。

制作动画打光时，需要有来自不同方位的光线来照明景物，但在这些光线中，必有一种光线起着主导的作用，这就是主光。主光标示主要光源的特性和投射方向，用来表现景物的形态、轮廓和质感。对艺术形像的塑造，主光起决定性作用，其他光线起陪衬作用。因此，有人也把主光称作塑形光。在动画场景中，无论是外景还是内景制作，首先要确定每场戏中主光的方位。因为，同一场戏中的各个镜头，不论镜头怎样变化、实际拍摄时间和地点有何不同，主光的方位是统一的，不能随意变化（图 2-39）。

图 2-39　动画电影《极速蜗牛》中一组场景不同镜头使用同一组光

在实际拍摄中，首先要求主光照亮被摄物体主要的和最有表现力的那一部分。主光位置的确定要根据光线亮度的强弱、光距的远近、上下位置的高低、被摄对象的性格特点、环境特征、作者的创作意图和画面构图的具体要求来确定（图2-40）。

补光是指辅助主光照明，位于或邻近相机轴心线的、对被摄对象作总体照明用的光源，其目的在于使阴影部的细节能获得恰当的曝光。补光是三维动画创作中最需要技巧的光，所有的场景的打光都需要补光配合主光来完成。

补光主要的作用是减弱主光产生的阴影面，在塑造清晰形体的同时使暗部层次更加丰富。一般会将较柔软和的光源选作补光，白色反光伞、天光装置或大范围的漫射光线常被用作补光。

图2-40 动画短片《下棋》中角色面部不同方位的光效

同时，补光的运用是保持画面效果整体的需要，补光的明暗强度、照射面积、照射方向，都会影响画面质量。如：补光过强，使得画面缺乏层次，体感不足（图2-41）。

在三维动画创作中，为保持移动角色或物体的画面效果，会使用移动补光，把灯光连接到摄影机上，灯光随着摄影机运动而运动，这样补光会与摄影机保持一致，不会因为物体移动改变光效（图2-42）。

背景光通常指用来照亮背景的光，又称为"环境光"，在不同的场景或情境用光中，有时还称背景光为"天幕光"、"氛围光"等。背景光主要是照明被摄对象周围环境及背景的光线，用它可调整角色周围的环境及背景色调，加强场景内的气氛。

三维动画和二维动画画面制作一样，渲染需要不同的层次，所以场景中往往会有多个被照射的平面，制作时会有前景和背景的区分，完善不同层次的用光，以此丰富画面中的灯光效果。

图2-41 动画电影《飞屋环游记》中角色面部恰当的补光

利用背景光突出主体，为主体寻找一个较好的背景和环境；营造各种环境气氛和光线效果，传达某种特定的时间地点等信息，对主体物的表现起烘托作用；丰富画面的影调对比，决定画面的基调（图2-43）。

在用光设计与造型中，背景光的创造与处理

图2-42 动画电影《冰河世纪》中连续镜头画面

图 2-43　动画电影《瓦力》场景中大量使用背景灯光渲染氛围

有很大的空间，利用背景光线的微妙变化，体现创作者思想感情的细微变化，许多成功的作品得益于背景光的塑造和烘衬。例如，早晨光线的模拟与再现能创造一个清新、和谐、朝气蓬勃的向上气氛，从而把观众带入一个安适、平和、幸福、美满的氛围之中（图 2-44）。

　　在大多数情况下，被摄者都与背景有一定的距离。由于光源的照明随着距离的增加而明显地减弱，而背景比被摄者距离光源更远，所以背景的亮度要比被摄者暗许多。如果按被摄者的照明情况曝光的话，则背景就会显得更暗，结果是被摄者看起来如同融入黑暗的背景之中。如果灯光师不介意这种背景效果的话，背景光就失去了意义。但是如果想把被摄者同背景区别开来的话，则有必要对背景进行单独照明，于是就有了所谓的背景光。然而，背景光的运用要照顾到背景的色彩、距离和照明的角度等，做不好会弄巧成拙，因此，需要对背景光进行反复调整才能用得恰到好处（图 2-45）。为了均匀地照亮一个无缝的背景，有时会需要使用两盏灯或是特别的光效。

　　特效光是一种特殊的光影效果，是由物体的物理特性发出的光，如自发光、碰撞光，或是镜头走向造成的灯光特效。

　　特效光多数是为配合剧情需要、符合事物物理特性、丰富光影效果来制作。如雷暴天气天空中的闪电、机械摩擦产生的火花，爆炸产生的冲击波，都是需要特殊制作的光效（图 2-46 ～ 图 2-48）。

　　通过对这几种光的基本形式和使用的介绍，为我们在操作中搭建灯光提供了起点，但是在实际运用过程中还需要对光源的基本原理和灯光的

图 2-44　动画电影《飞屋环游记》中柔和的背光

图 2-45　动画电影《海底总动员》特殊镜头的背景用光

图 2-46　镜头光晕效果

图 2-47　动画短片 "Fall en" Student film 中自发光效果

图 2-48　短片《50、80》中有无灯光自发光、辉光效果对比

使用规律加强理解，实际操作的同时对参数的调节要敏感。接下来将针对具体的创作需要来制定照明方案。

2.2.5　灯光的属性

2.2.5.1　灯光的基本属性

选择灯光，用 Ctrl+A 或者在 Hypershade 中双击打开灯光节点的属性，即可进入灯光的属性面板（图 2-49）。

在属性面板的最上边可以修改灯光的名称，可以快速地寻找灯光属性上下游的节点。光的强度采样和灯光的形态缩略图显示的是灯 Intensity Sample 和 Light Shape，在调节灯光的各种参数时可实时观察它的效果。对灯光的颜色调节，也能从缩略图看出效果变化。

1.Color（灯光颜色）

确定灯光颜色，可以点击 Color 旁边的色块，在 Color Chooser 中选择所需要的颜色，或点击将纹理指定在灯光上。

图 2-49　灯光的属性面板

加色混合

红、绿、蓝是原色，任何颜色都可以通过红、绿、蓝按不同的比例相加得到，如果这三种比例相等，则显示为白色，两种颜色相加会增加颜色的亮度。

2.Intensity（灯光的强度）

控制灯光的照明强度，当值为 0 时，表示不产生灯光效果。

当灯光强度为负值时可以去除灯光照明。在实际的运用中可以做局部的减弱灯光的强度，还可以利用它来制作只产生投影而不产生照明的特殊效果。

3.ILLuminatesby Default

该项如果打开灯光将影响场景中的所有物体。（注意：在物体进行灯光链接时需要关闭此项，否则链接将无效。）

4.Emit Diffuse（漫反射）

默认时打开，控制灯光的漫反射效果，如果此项关闭则只能看到物体的镜面反射，中间层次将不被照明。利用这一项可以制作一盏只影响镜面高光的特殊灯光。

5.Emit Specular（镜射）

默认时打开，控制灯光的镜射效果，有时候在做辅光时，通常关闭此项才能获得更合理的效果，也就是说让物体在暗部的地方没有很强的镜面高光。

6.Decay Rate（灯光的衰减）

现实生活当中的衰减

物体的亮度随着物体离光源的距离的增加而

减弱的现象被称为灯光衰减。例如，物体被放在灯泡的附近，物体被照得很亮，但是如果将物体离远一些，则它的亮度会减弱很多。我们把这种现象称为衰减。

Decay Rate：仅用于区域光、点灯光和聚光灯。控制灯光亮度随距离减弱的速率。当 Decay Rate 设置对于小于 1 个单位的距离没有影响。默认设置为 No Decay。

No Decay（无衰减）：光照的物体无论离光源远近亮度都是一样的，没有变化的。效果不如衰减的真实。为了加快计算速度，一般辅助照明的灯光尽量不要打开衰减。

Linear（线性衰减）：灯光亮度随距离按线性方式均匀衰减。使光线和黑暗之间的梯度比现实中更平均，如线性衰减就是设置一段距离，是光线在这一段内完全衰减从光源处到这段距离的终点亮度均匀过渡到 0。这种衰减不太真实，但是渲染速度相对 Quadratic，CuCubic 要快一些。如果设置为此项，那么灯光的强度一般要比原来加大几倍后才能看到较好的照明效果。

Quadratic（平方反比衰减）：现实当中的衰减方式，如果设置为此项，那么灯光的强度一般要比原来加大几百倍才能看到效果。

Cubic（立方衰减）：随距离的立方比例衰减，如果设置为此项，那么灯光的强度我们一般要比原来加大几百倍甚至几千倍才能看到效果。

在三维制作中，一般三维软件的默认灯光产生的衰减距离想要的效果差别太大，很难实现真实的自然反应（图 2-50）。这和软件的运算方式有关，在渲染高品质的场景时，会使用很多渲染插件，这些渲染插件大多是使用热辐射的计算方式来进行计算的。通过物体的质量、厚度、透明度、表面材质来计算光能量的衰减，所以，大部分插件的渲染速度比软件默认灯光的渲染速度要慢得多。在使用渲染插件时要了解渲染插件的多个渲染参数以节约渲染时间十分重要。

2.2.5.2　几种灯光的常用属性

1. 聚光灯（Spot Light）

（1）Cone Angle（锥角）

聚光灯锥体的角度（单位为度）控制聚光灯的照射范围。有效范围是 0.006 度到 179.994 度。默认 40 度。

在实际运用时应该尽可能合理利用聚光灯的角度，不要设置过大，这样可能降低深度贴图的阴影的精度，从而避免在动画渲染时阴影出现错误。

（2）Penumbra Angle（半影角度）

在边缘将光束强度以线性的方式衰减为 0（单位度）。其有效范围是从 -179.994 度到 179.994 度。滑块为 -10 度到 10 度。默认为 0 度。从下图可看到当值为负时向内衰减，反之向外（图 2-51）。

（3）Drop off（减弱速率）

控制灯光强度从中心到边缘减弱的速率。有效范围是 0 度到无限大，滑块为 0 度到 255 度，值为 0 度时无衰减，通常配合 Penumbra Angle

图 2-50　虚拟真实光源效果

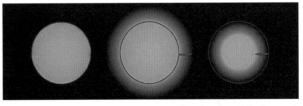

图 2-51　聚光灯的半影角度滑块，10 度到 0 度、0 度到 -10 度的变化

使用（图 2-52）。

选择所需要的灯光，单击，将会显示为图 2-53 所示。依次为枢轴点（调整灯光角度的轴点相当于一个杠杆，枢轴点的圆圈为实心时才有效），灯光的圆锥半径控制，PenumbraAngle 的角度，灯光雾的控制。

2. 环境灯（Ambient Light）

Ambient Shade：是控制环境灯照射的方式，值为 0 时灯光来自所有的方向，值为 1 时灯光来自环境灯所在的位置，类似于点光源。使用环境灯的场景其效果一般将会变平，显得没有层次，所以在实际制作时慎用（图 2-54）。

3. 体积光（volume Light）

Light Shape：决定灯光的物理形状 Sphere/Cylinder/Cone/Box。Sphere 是默认的选项（图 2-55）。

ColorRange（颜色范围）：是指某个体积内从

中心到边缘的颜色。通过改变梯度图上的值可以定义光线方向渐减或改变颜色。右边表示容积中心光线颜色，左边为边界颜色（图 2-56）。

Selected Position（选定的位置）：渐变图中活动颜色条目的位置。

Selected Color：活动颜色条目的颜色，点击可打开颜色拾取器。Interpolation：控制渐变图中颜色混合的方式。

提供 Linear/None/Smooth/Spline 四种过渡方式，默认是 Linear，决定颜色过渡的平滑程度，Spline 更为细腻。

Volume Light Dir（体积中灯光的方向）

Outward（向外）：光线从箱体或球体的中心发出，其效果类似于点光源。

Inward（向内）：灯光向中心照射。

Down Axis（上下轴）：光线沿灯光的中心轴发射。其效果类似于平行光的弧度：使用此选项可通过指定旋转的度数创建球形、圆锥形或圆柱形灯光的一部分，可以从 0 度到 360 度，最常用的默认值是 180 度到 360 度（图 2-60）。此选项不能应用于箱形灯即 Box 类型。

Cone End Radius（锥端半径）：仅在 Light Shape 为圆锥形灯光 Cone 才有效。值为 0 时体积为圆锥形，值为 1 时体积为圆柱形（图 2-61）。

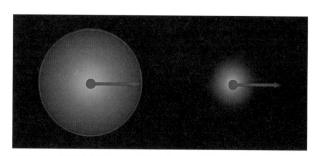

图 2-52 聚光灯的 Drop off 值变化，10 度到 100 度

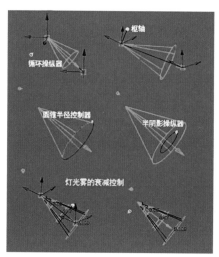

图 2-53 交互的调节聚光灯的参数

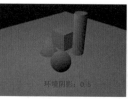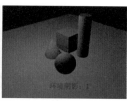

图 2-54 环境灯的 Ambient Shade 值决定其照射方式

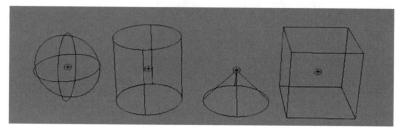

图 2-55 体积光的范围形状 Sphere/Cylinder/Cone/Box

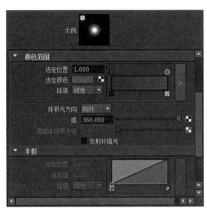

图 2-56 调节体积光的属性

图 2-57 用体积光调出的光带效果

Emit Ambient（发出环境）：开启此项则灯光会从多个方向影响曲面。

Penumbra（半影）：此部分仅用于圆锥形和圆柱形灯光，包含用于处理半阴影的属性。调整图表可调整光线的蔓延和陡降。左边的表示圆锥体或圆柱体边缘之外的光线强度，右边表示从光束中心到边缘的光线强度。

4. 灯光雾（Light Fog）

在实际的灯光制作中经常用到灯光雾，通常用来模拟空气中的尘埃在光线中扬起、手电的光柱、夜色中的树林等一些效果，有时为了添加一些戏剧气氛，这在影视作品中十分常见（图2-63）。

（1）创建灯光雾

Light Fog 属性仅用于点光源，聚光灯和体积光。选择灯光，打开灯光属性面板，点击 Fog 右边的 ▨（图 2-64）。

系统将自动创建一个 Cone Shape 节点（图 2-65）。

雾扩散（Fog Spread）

控制灯光雾的传播面积，较大的扩散（Fog

图 2-58 Linear/None/Smooth/Spline 四种过渡方式

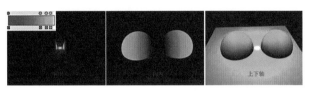

图 2-59 Volume Light Dir 控制的效果变化

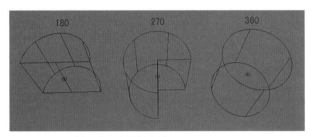

图 2-60 Arc 控制体积旋转的度数

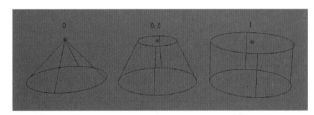

图 2-61 Cone End Radius 对体积形状的控制

图 2-62 开启此项则灯光会从多个方向影响曲面

图 2-63 动画电影《怪物公司》中灯光雾场景

图 2-64　创建灯光雾

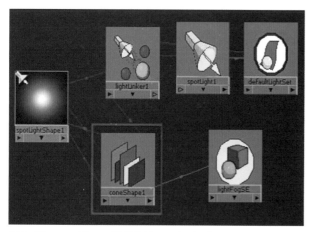

图 2-65　coneShape 节点在 Hypershade 中

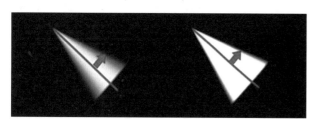

图 2-66　灯光雾（Fog Spread）扩散值 1-5

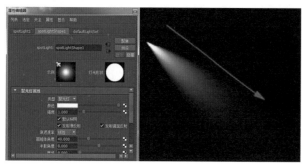

图 2-67　灯光雾的衰减设置

Spread）值用产生均匀亮度的雾越饱和，从聚光灯的锥体部分射出。较小的扩散值产生的雾在聚光灯光束中心部分比较亮（图 2-66）。

灯光雾在纵向上的衰减在 Decay 中设置，如图 2-67 所示：

雾强度（Fog Intensity）

雾的强度，值越大雾将越亮越浓。以下是同一灯光下,只调节强度（Fog Intensity）的灯光雾变化。Fog Intensity 值越大，亮度会变强（图 2-68）。

（2）点光源的灯光雾选项（图 2-69）：

雾类型（Fog Type）：控制点光源光雾的扩散方式，默认设置以普通方式向周围扩散，线性衰减（Linear）雾从灯光的中心缓慢消褪，指数（Exponentila）的意思是雾从灯光中心开始快速消褪（图 2-70）。

雾半径（Fog Radius）：其值决定雾从灯光的光束方向扩散的程度。调整此值我们可以在场景中看到在点光源外围的球形将会发生变化。注意：给灯光设置了灯光雾之后，最好不要在灯光类型（Type）中改变灯光类型，这样将会出错，渲染也会出错。

（3）灯光雾（Light Fog）属性

点击灯光需要编辑灯光 >Ctrl+A，可进入灯光雾的属性面板，这个面板我们可以做以下设置（图 2-71）。

图 2-68　不一样的强度值

图 2-69　选项面板

图 2-70　雾类型控制点光源光雾的扩散方式

颜色（Color）

确定灯光雾的颜色。在这里我们需要注意的是，灯光的颜色也会影响到被照亮雾的颜色，而雾的颜色不会对场景中的物体有照明作用，下图左边设置的灯光的颜色为蓝色，灯光雾为白色，我们可以看到灯光的颜色影响到了雾的颜色，同时对物体也产生了照明作用。图 2-72 是灯光的颜色为白色，而雾的颜色设置为黄色，我们可以观察到雾的颜色没有影响到物体。

密度（Density）

雾的密度。密度越高，雾中或雾后的物体就会变得模糊，同时密度会影响到雾的亮度，如图 2-73 所示，当值为 2 时，雾后的小球变得相对比较模糊了，雾的亮度也变强了。色彩透明度（Color Based Transparency）或衰减度（Drop Off）也会影响被照亮雾的模糊方式。

色彩透明度（Color Based Transparency）

如果该项开启，雾中雾后的物体模糊程度将基于密度和色彩的值。如果 Drop Off 关闭该选项，则雾中的所有物体将都会受到同样的模糊，并取决于密度。如果关闭，则雾中的各个物体均会受到不同程度的模糊，并且该程度由密度值以及物体和摄像机的距离决定。如果 Fast Drop Off 开启，雾中远离摄像机的物体可能会模糊得很厉害，所以要酌情考虑减少密度的值。

（4）交互的调节灯光及灯光雾的范围衰减

选择确定要调节的灯光，在工具栏中点击循环开关，选择衰减区域（Decay Regions），如图 2-74 所示：可以选择上面的环，如 a、b、c、d、e，当它为黄色时就可以通过拖动来调整衰减的范围，其中 e 点是灯光或雾的最远距离。

在灯光的属性面板中有相应属性参数可控制，

图 2-71　灯光雾的属性面板

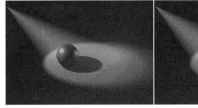

图 2-72　灯光雾的颜色

图 2-73　灯光雾的密度

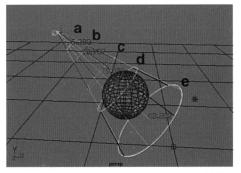

图 2-74　Maya 中交互的调节灯光及灯光雾的范围衰减

图 2-75　使用衰减区选项

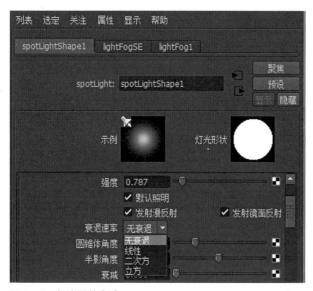

图 2-76　灯光雾的衰减

勾选使用衰减区（Use Decay Regions）这个选项。如图 2-75，利用这个功能结合灯光的衰减率（Decay Rate）参数，可以很灵活、直观地控制灯光的衰减。

2.2.6　动画场景的照明

　　自然界中的光像一个魔法师，收放自如地把世界变得绚丽缤纷，甚至荒诞离奇。面对智能软件，渲染程序中的光就显得笨拙多了。三维软件虽然提供了足够多的光源类型来让我们模拟真实世界的光源，但就其本质来说，都只是利用属性和参数的调节，解决光源的直接照射问题。真实世界中的照明原理与此不同，要想利用三维软件达到模

图 2-77　原创动画短片《50、60》全局照明场景

拟真实光效，还需解决再次反射的问题，也就是通常所说的光能传递。Maya 的 Mental Ray 渲染器中也有类似的功能，叫作 Global Illumination，即全局照明，可以模拟光能传递的效果，使场景均匀照亮，从而杜绝死角（图 2-77）。在这里不要将它与 Lightscape 的光能传递相混淆，它们虽然在原理和结果上非常相似，但是计算方式却不同。

　　虽然渲染程序是呆板的，但系统是智能的，智能操作指的是给予合理的命令和组合操作后，人机配合足可以体现虚拟灯光的智能。光的"智能"体现在它的反射和折射质量上，这个质量并不是指渲染图像的质量或者光线追踪的正确与否，而是指是否能自动完成与光线的反射和折射有关的所有效果。Caustic 特效的产生成了高级渲染程序的一个重要标志。Caustic 是一种光学特效，通常出现在有反射和折射属性的物体上，比如透明的圆球、凸透镜、镜子、水面等，它包含聚焦和散焦两个方面的效果。

　　就目前的情况来说，衡量一个渲染程序里的光源是否具有"智能"，不是看它的光源类型有多么丰富，或者说，已经与直接照明没有什么关系了（所有的渲染程序都能很好地解决直接照明的问题），而是与光源的间接照明有密切的关系。无论是天空光还是全局照明，或者是 Caustic 特效，都不是光源直接照射到物体上产生的效果，它们是光线的 Diffuse、Radiosity、Reflection 和 Refraction 产生的结果，产生这些结果的自动化程度越高——即不需借助任何辅助光源——就可

以把该渲染程序的光源看成是有"智能"的。需要注意的是，并非说不能自动产生间接照明效果的渲染程序就是低级的。我们依然可以使用辅助光源来模拟那些间接照明的效果。作为渲染的图像来说，在制作中关心的仍然是图像所显示的效果，而不是产生结果的方法，所谓条条大路通罗马，目的才是最重要的。

天空光是一种很特殊的光源，准确地说天空光不应该称为光源，它是由于大气漫反射太阳光形成的，所以，也可以将它看成是太阳光的间接折射照明。

场景中的光影设计——光影是场景气氛设计中的一个重要表现手段，它可以传达一定的情绪、感觉。在光影设计中要区分不同的光源，如自然光、灯光、火光等。在具体的场景设计中，要根据需要为营造特定的气氛来选择光影。合理巧妙的光线布置，对于烘托场景的气氛起着十分关键的作用。在设计场景的光线时，要从光线的方向、强弱、色温、表达的情绪、暗示的剧情、时间等方面考虑。

灯光师根据日光光效的特点和自然光线的变化，结合艺术创作的需要，如剧情规定的时间和空间、塑造各种人物、渲染某些特定气氛等，精心设计和确定主光的方位。一般应考虑以下几点：一是剧情内容、人物的场面调度；二是室内日景的门窗位置、人物与门窗相隔的距离和构成的角度；三是夜景不同性质的光源，如月光、路灯、车灯、油灯、烛光、火柴光（图 2-78）。

2.2.6.1　室外照明

三维创作最大的特点就是在无限制的平台中进行。地球的自转使得日光从早至晚，光线呈现出丰富的变化。

直射的日光下投影比较短，色彩对比强烈，接近天空的景物比较冷，接近地面的景物比较暖。自然光源下明暗对比强烈，物体的固有色变淡，受光源色温影响大。阴天时物体固有色被保留较多，明暗关系对比较弱，受光源色温影响较小。窗光光线柔和，室内外色温反差较大，多为单方向的统一光源，阴影的方向也有一定的规律可循。

图 2-78　室内日夜光照对比

图 2-79　音乐视频 TheAmericanDollar "Anything YouSynthesize"

窗越大投进室内的光线越充沛，影子随之变淡。

夜晚光线也会随时间变化，但也可能因为外部光线影响而改变（图 2-80）。

2.2.6.2　室内照明

室内照明分为是室内自然光和单独室内光。

如图 2-81，两幅分别是室内、室外的场景下自然光（日光）的照射下产生的效果。第一幅光源来自窗户的投射，进入室内的光线微弱柔和，室内的物品受光线影响较弱；同样是傍晚的阳光，在室外要强烈得多，色温更高，光源方向是背光，森林中的树木受光线影响很大，受光面和背光面对比强烈，特别是远景树木已经与暖黄色的光线背景融为一体。

图 2-80　动画短片《绑架课》场景

如图 2-82 均为室内场景灯光下的效果，不同的是左右两幅场景受不同色温的灯光影响，一个是暖光源，一个是冷光源；上图光源主要为聚光灯向下投射的效果，远处有微弱的橘色壁灯作为辅助光源，灯光很好地使读者聚焦在受光区。下图主要光源是窗子射进的冷光源和角色头顶的聚光灯，远景处还有其他室内反射近来的光线，整个场景光线微妙细腻，渲染出神秘离奇的气氛，引发读者的想象。

图 2-81　室内、外场景光照效果

2.2.6.3　角色的照明

角色的光与影——恰当地利用光影有助于增强画面效果，使人物更富于戏剧性和立体感，画面的背景更真实可信（图 2-83）。有三种基本方法为画面添加色调，增强画面中角色的光影效果：1. 写实的色调：所画的色调真实客观的与人物环境光和反射光保持一致；2. 阳光或聚光灯效果：在人物表面画上直射光源；3. 阴影色调：较暗的色调，需要添加些补色效果更好。

图 2-84 为动画片《怪物大学》海报中角色形象的打光，因为是静态表现，人物的色彩受环境色影像微小，用色上以固有色为主，以使客观真实的人物色调一致，将角色所有的特质完整表现出来。

图 2-85 为《机器人 9 号》中的角色打光，色彩鲜艳明快。比如在脸部的色彩处理上，受光的部分是亮蓝绿的冷调，底部打光，背光的部分也是冷调，渲染出恐怖的气氛。同时，图示部分选择了较暗的冷色调，因为人物是在夜间灯光的作用下，环境色成为人物的主要色调，固有色被淡化。

不同方向的光线——利用不同方向的光线对画面进行处理，使人物形象更加精确生动。还可

图 2-82　室内冷暖光源

图 2-83　动画短片《ElevenRoses》中的角色　　图 2-84　动画电影《怪物大学》海报　　图 2-85　动画电影《机器人 9 号》中的角色

以利用光线来说明地点、营造氛围、暗示剧情。角色的光线主要有顶光、侧光、底光、背光几种。如图 2-86，《我的生活有点囧》主角囧的光线设计：如果头顶上有强光的情况下阴影会向下投射出物体的形状，比如鼻子、下巴等，强光下角色大面积暴露在光线下，可以表现角色颓废、木讷、彷徨、紧张等状态；运用侧光可以使角色的面部轮廓更清晰，有效地突出面部特征，这种光线俗称"阴阳脸"，刻画角色特殊状态下的戏剧性光线；底光可以营造独特的气氛，是恐怖片中常用的布光方式，可以表现角色残暴、恐怖、诡异等状态；背光的光线下几乎所有的面部特征都隐藏在阴影之下，给人物增添了神秘感，背光情况下，角色只有在边缘处有一点亮光。

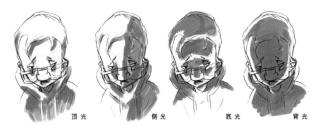

图 2-86　《我的生活有点囧》主角囧的光线设计

　　角色的背景光在运用中因内容、被摄对象、创作想法及要求不同，其用光方式也不同。静态人物用光与活动人物用光不同，单个人物用光与多人物用光也不同。通常在对静态人物实施布光中，背景光可能比较简单，有时一盏背景灯就能完成任务，但要注意画面四角光线的均匀和谐调，亮度上要保持一致。在多人物或大场景的背景用光中，要准确把握创作意图、场景特征、气氛要求、背景材料的属性以及它的反光特性等。

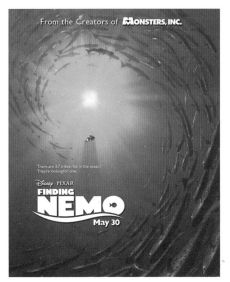

图 2-87　《海底总动员》中 NEMO 和鱼群的向光镜头

　　光源有时是对方向的引导和暗示，比如角色运动的场景，光源的方向往往是角色动作的方向（图 2-87）。

　　角色的不同背景的光源渲染，暗示气氛也不同（图 2-88）。

图 2-88　《超人总动员》中背景光将角色轮廓照亮，有强调角色威猛的效果

图 2-89 《大兵》实例

图 2-90 透视看角色布光图

2.2.7 案例剖析

为保证实例的完整性,此处以两个实例贯穿讲解灯光到材质渲染的全过程。

2.2.7.1 角色灯光

静态角色[1]

前面我们介绍过了关于角色的用光,下面来看一个《大兵》实例 (图 2-89)。

按照渲染程序,灯光部分要在调材质之前完成,因为如果先调材质球的话会影响对于光线的判断。所使用的灯光是 Maya 默认的目标聚光灯。光照方式为三点光照,这几个灯光分别为:1 是辅光 (强度 1),2 是背光 (强度 2),3 是主光 (强度 0.4),4、5、6 是个别比较暗的地方需要额外辅助光源 (图 2-90、图 2-91)。

静态角色的灯光主要是结合后面的场景,保持光的一致性,同时照亮角色。

2.2.7.2 场景灯光

场景灯光实例为《伟大的猎人》[2]中的整体灯光设计。

在灯光方面,首先要确定一个片子的基准灯

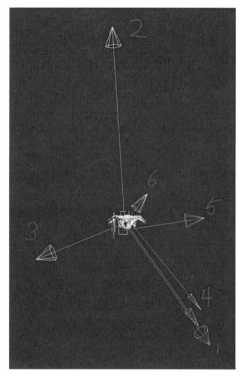

图 2-91 顶视看灯光位置

光色彩,这部片子用第一个镜头再好不过了,它包含了整个片子的场景和各个角度。根据导演的要求,这个故事发生在夜晚,是一群动物的头领策划的一次报复性刺杀行动,灯光色彩方面要配合猎人的性格特点,给人以懒散、邋遢、不拘小节的感觉,有了以上的这些要求,我们就要寻找

---

① 《大兵》为鲁迅美术学院动画专业 2008 届毕业生林福宽作品。
② 场景灯光实例引自鲁迅美术学院大连校区传媒动画 02 工作室与大连索菲动画公司原创作品《伟大的猎人》,导演:沃特。

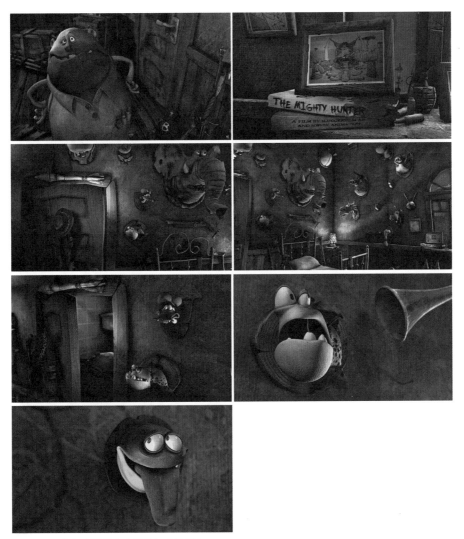

图 2-92　多角度展示室内场景灯光效果

出能给人这些感觉的灯光色彩。因为绿色会给人以阴森恐怖的感觉，加上主光源台灯是从下面向上照射，很符合这种阴谋诡计的场景，所以绿色很快就定位主色调，然后其他的细节地方就是通过不断地测试，再同导演反复交流逐渐形成了现在的这种风格（图 2-92）。

在 Maya 里进行灯光创建（图 2-93、图 2-94）。

灯光的位置、灯光的颜色、灯光的强度是非常重要。上面的图（图 2-95）作了几盏灯的数据示范，其他的灯光是一样的道理。

先把确定好基准灯光的场景里面的灯光提取出来，保存成一个模板文件，其他镜头打光的时候引入这套模板即可（图 2-96、图 2-97）。然后

还会不断地根据不同镜头来精简灯光，同时把有带表情的镜头灯光也都保存成模板，这样类似的镜头就可以快速得到想要的灯光效果。这也保证了片子灯光色彩的一致性。

调节灯光使用 abLightTweaker 工具，abLightTweaker 在调节多灯光镜头的时候非常有用，可以一目了然地查看到场景灯光的特种属性，还可以很方便地对其进行调节（图 2-98）。

渲染器采用了 Renderman 类的渲染器 3delight，并且还基于它编写了一些用来提高灯光渲染效率和规范制作的流程插件（图 2-99）。（因为软件版本编写插件的限制，所以采用了不同版本的 Maya 进行制作。）

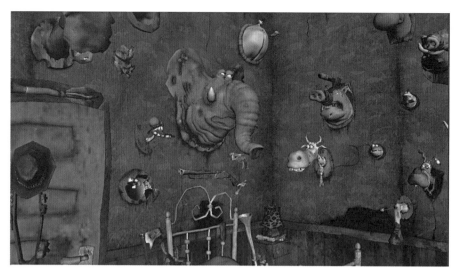

图 2-93　灯光创建预览

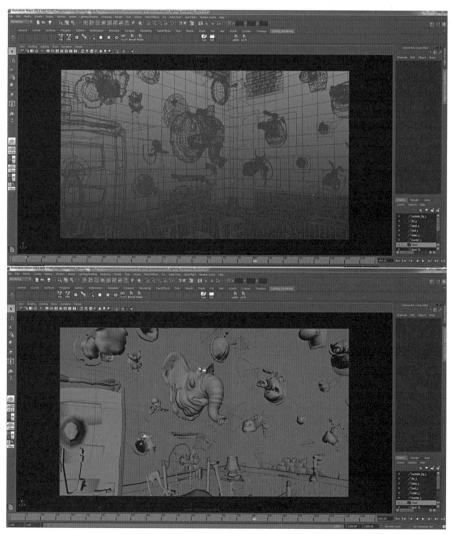

图 2-94　Maya 中的灯光分布

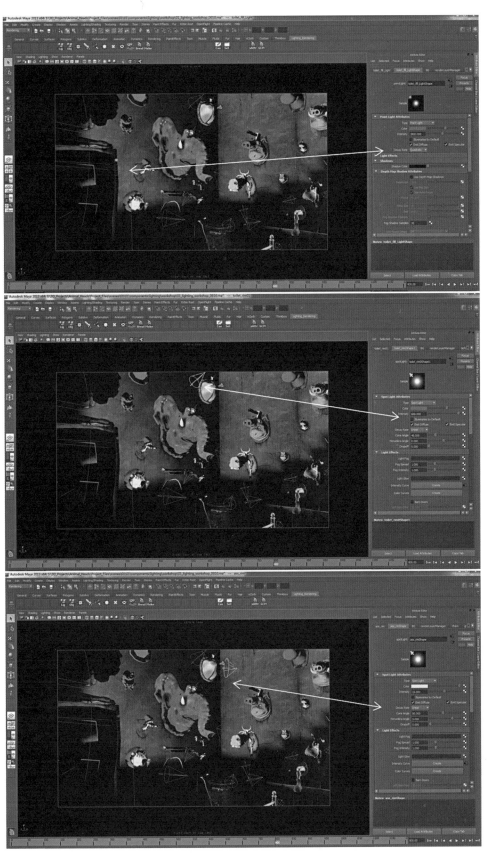

图 2-95　部分典型灯光位置及属性

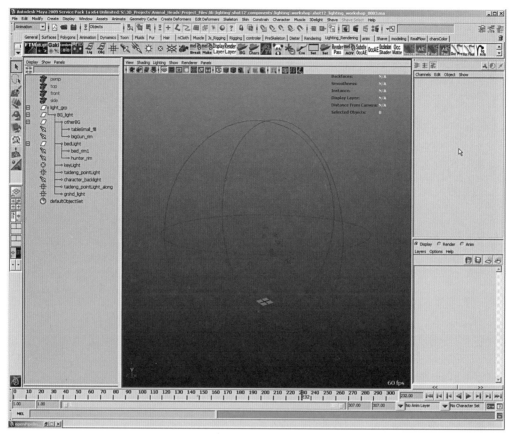

图 2-96　灯光模板

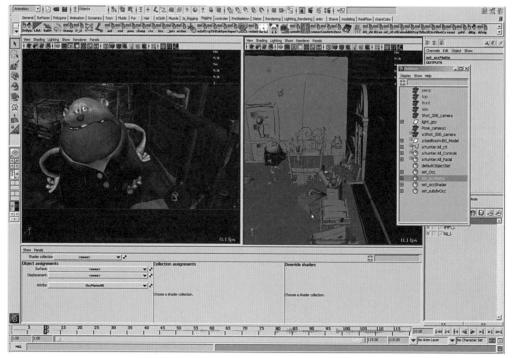

图 2-97　灯光模板套用

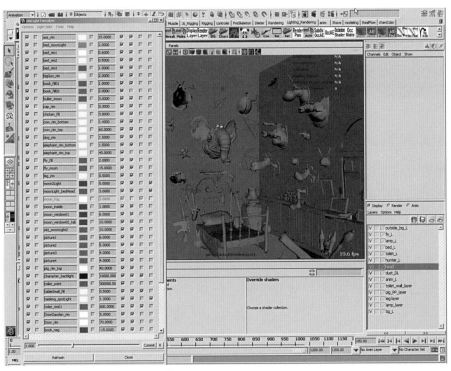

图 2-98 使用 abLight Tweaker 工具

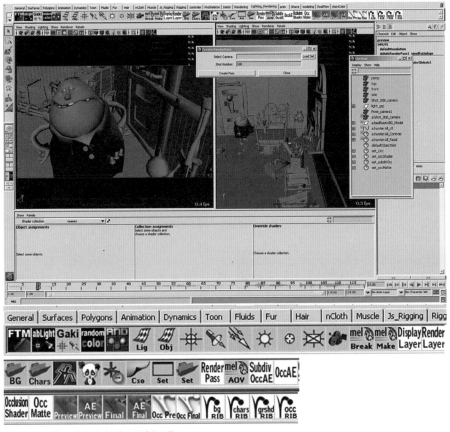

图 2-99 编写的自用插件和面板工具

第3章 三维动画的材质

通过前两章的介绍，已解决关于三维动画概念以及三维灯光的搭建问题，本章将展现丰富的三维世界，详细介绍材质分类和创建的具体知识以及灯光和材质的匹配。

那么，材质是什么？简单地说，就是物体看起来是什么质地。材质可以看成是材料和质感的结合。在三维软件中，"材质"用来指定物体表面的特性，它决定了这些平面在着色时的属性。指定到材质上的图形称为"贴图"。在渲染程序中，它是表面各可视属性的结合，这些可视属性是指表面的色彩、纹理、光滑度、透明度、反射率、折射率、发光度等。正是有了这些属性，才能让我们识别三维中的模型是材质构成的；也正是有了这些属性，计算机三维的虚拟世界才会和真实世界一样缤纷多彩（图3-1）。

设定好的属性就是材质的真实质地吗？答案是否定的。不要认为这是自相矛盾的，实践中必须仔细分析，找出产生不同材质的原因，才能更好地把握质感的表现。那么，材质的真正质感到底是什么样的呢？除了材质自身的质地，决定其质感的因素仍然是光，离开光，材质是无法体现

的。例如，夜晚，在微弱的夜空光下，我们往往很难分辨物体的材质，而在正常的照明条件下，则很容易分辨。另外，在有色彩光源的照射下，我们也很难分辨物体表面固有的颜色，在白色光源的照射下则很容易。这种情况表明了物体的材质与光的微妙关系（图3-2）。本章，我们将具体分析两者间的相互作用。

3.1 材质基础

3.1.1 色彩纹理

色彩是光的一种特性，人们通常看到的色彩

图3-1 动画电影《机器人9号》场景

图3-2 动画电影《瓦力》中的场景

是光作用于眼睛的结果。但光线照射到物体上的时候，物体会吸收一些光色，同时也会漫反射一些光色，这些漫反射出来的光色到达人的眼睛之后，就决定物体看起来是什么颜色，这种颜色在绘画中称为"固有色"。这些被漫反射出来的光色除了会影响人的视觉之外，还会影响它周围的物体，这就是光能传递。当然，影响的范围不会像人的视觉范围那么大，它要遵循光能衰减的原理。另外，有很多资料把 Radiosity 翻译成"热辐射"，也较为贴切，因为物体在反射光色的时候，光色就是以辐射的形式发散出去的，所以，它周围的物体才会出现"染色"现象。在物体的颜色被人的眼睛识别的同时，表面的质感也会随着光波显现出来（图 3-3）。

3.1.2　光滑与反射

　　一种物体是什么样的表面，往往不需要用手去触摸，视觉就会传达给人。因为光滑的物体，总会出现明显的高光，比如玻璃、瓷器、金属，甚至是平静的水面等；而没有明显高光的物体，通常都是比较粗糙的，比如砖头、瓦片、泥土、柏油路面等。这种差异在自然界无处不在，它是如何产生的？答案依然是光线的反射作用，但和上面"固有色"的漫反射方式不同，光滑的物体的表面质地有一种类似"镜面"的效果，在物体的表面光滑度还没有达到可以镜像反射出周围的物体的时候，足以使光源的位置和颜色在物体上体现出来。所以，光滑的物体表面只"镜射"出光源，这就是物体表面的高光区，它的颜色是由照射它的光源颜色决定的（金属物除外），随着物体表面光滑度的提高，对光源的反射会越来越清晰，这就导致了在三维材质编辑中，越是光滑的物体，高光范围越小，强度越高。当高光的清晰程度已经接近光源本身后，物体表面通常就要呈现出另一种面貌，这就是 Reflection 材质产生的原因，也是古人磨铜为镜的原理。但必须注意的是，不是任何材质都可以在不断地"磨炼"中提高自己的光滑程度。比如，我们很清楚砖块是不可能

图 3-3　动画电影《瓦力》中的人物镜头

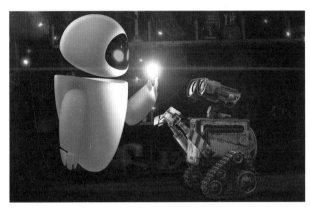

图 3-4　《瓦力》中两种表面不同材质的机器人呈现出不同质感的反射

磨成镜的，为什么呢？原因是砖块质地粗糙，这个粗糙不单指它的外观，也指它内部的微观结构。砖块烧制后质地粗糙，里面充满了气孔，无论怎样磨它，也只能使它的表面看起来整齐，而不能填补这些气孔，这是无法改变的，所以不能达成镜面效果。在编辑材质的时候，一定不能忽视材质光滑度的数值，有很多初学者作品中的物体看起来都像是塑料做的就是这个原因（图 3-4）。

3.1.3　透明与折射

　　自然界的大多数物体通常会遮挡光线，当光线可以自由穿过物体时，这个物体肯定就是透明的（图 3-5）。这里所指的"穿过"，不单指光源的光线穿过透明物体，还指透明物体背后的物体反射出来的光线也要再次穿过透明物体，这样就可以看见透明物体背后的东西。由于透明物体的

密度不同，光线射入后会发生偏转现象，这就是折射。比如插进水里的筷子，看起来就是弯的。不同的透明物质其折射率也不一样，即使同一种透明的物质，温度的不同也会影响其折射率（图3-6）。比如当我们穿过火焰上方的热空气观察对面的景象，会发现有明显的扭曲现象（图3-7）。这是因为温度改变了空气的密度，不同的密度产生了不同的折射率。正确的使用折射率是真实再现透明物体的重要手段。

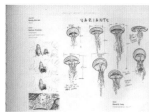

图3-5 动画电影《海底总动员》中水母的透明材质

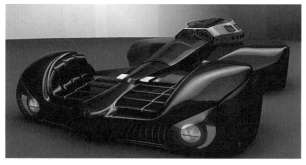

图3-6 车灯的透明材质

图3-7 空气密度对画面的影响

图3-8 动画电影《森林战士》场景中的树叶材质

在自然界中还存在另一种形式的透明，在三维软件的材质编辑中把这种属性称之为"半透明"，比如纸张、塑料、植物的叶子、蜡烛等。它们原本不是透明的物体，但在强光的照射下背光部分会出现"透光"现象（图3-8）。

通过以上的简单描述，初步解释了光和材质的关系，操作者如果在编辑材质时忽略了光的作用，是很难调出有真实感的材质的。因此，在材质编辑器中调节各种属性时，必须考虑到场景中的光源，并参考基础光学现象，最终以达到良好的视觉效果为目的，而不是孤立地对其进行调节。当然，也不能一味照搬物理现象，毕竟艺术和科学之间还是存在差距的，真实与唯美也不是同一个概念。

3.2 材质的层级

Maya有关材质渲染的管理基本上可在Hypershade中完成。对于Hypershade有多种中文译法，如：超材质编辑器、超级滤光器、超级光影编辑器等，以下称材质编辑器。

在窗口＞渲染编辑器＞Hypershade中打开材质编辑器的工作面板（图3-9）。

3.2.1 表面材质

表面材质简单地说就是物体看起来的质地。在渲染软件中，它是表面各可视属性的结合，这些可视属性是指表面的色彩、纹理、光滑度、透明度、反射率、折射率、发光度等。正是有了这些属性，才能识别三维模型的表现的材质构成。

如果纹理需要有高光反光曲面（如镀铬合金表面），使用Phong或是PhongE材质（图3-10）。

3.2.1.1 Lambert材质

它不包括任何镜面属性，对粗糙的物体来说，这项属性是非常有用的，它不会反射出周围的环境。Lambert材质可以是透明的，在光线追踪渲染中发生折射，但是如果没有镜面属性，该类型就不会发生折射。平坦的磨光效果可以用于砖或

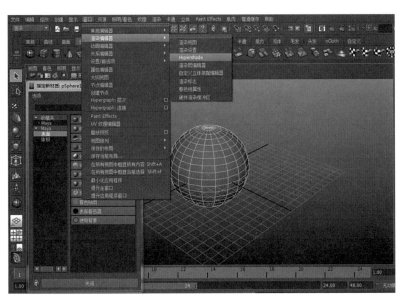

图 3-9　打开 Hypershade 编辑器

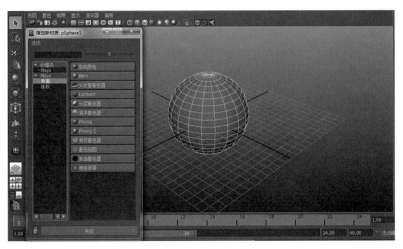

图 3-10　材质编辑器界面

混凝土表面。它多用于不光滑的表面，是一种自然材质，常用来表现自然界的物体材质，如木头、岩石等。

3.2.1.2　Blinn 材质

具有较好的软高光效果，是许多艺术家经常使用的材质，有高质量的镜面高光效果，所使用的参数是 Eccentricity Specular roll off 等值对高光的柔化程度和高光的亮度进行调节，这适用于一些有机表面。

3.2.1.3　Phong 材质

有明显的高光区，适用于湿滑的、表面具有光泽的物体，如玻璃、水等。利用 Cosine Power 对 Blinn 材质的高光区域进行调节。

3.2.1.4　PhoneE 材质

PhongE 材质也是以高光表现为主的材质。该材质能很好地根据材质的透明度控制高光区的效果，如果要创建比较光泽的表面效果，可以使用 Roughness 属性；控制高亮节的柔和性，使用 Whiteness 属性；控制高亮的密度，使用 Hightlight Size 属性等。

3.2.1.5　Anisotropic 材质

各向异性：这种材质类型用于模拟具有微细

凹槽的表面，镜面高亮与凹槽的方向接近于垂直。某些材质，例如：头发、斑点和 CD 盘片，都具有各向异性的高亮。

3.2.1.6　Lavered Shader 材质

它可以将不同的材质节点合成在一起。每一层都具有其自己的属性，每种材质都可以单独设计后再连接到分层底纹上。上层的透明度可以调整或者建立贴图，显示出下层的某个部分。在层材质中，白色的区域是完全透明的，黑色区域是完全不透明的。

3.2.1.7　Use Backg Round 材质

该材质有 Specular 和 Reflectivity 两个变量，用来作光影追踪，一般用来作合成的单色背景使用，以此来进行扣像。

3.2.1.8　Surface Shader 材质

该材质给材质节点赋以颜色，有些和 shading map 差不多，但是它除了颜色以外，还有透明度、辉光度和光洁度，所以，在目前的卡通材质的节点里，选择 Surface Shader 的情况比较多。

3.2.1.9　Hading Map 材质

该材质给表面添加一个颜色，通常应用于非现实或卡通、阴影效果。

3.2.2　体积材质

体积材质主要是用于创建环境的气氛效果（图 3-11）。

3.2.2.1　环境雾（Environment Fog）：模拟空气中精细粒子（雾、烟或灰尘）的效果。这些粒子影响大气的外观以及大气中对象的外观。若要模拟特定灯光照明的空气中粒子,请使用"灯光雾"（Light Fog）。

环境雾虽然是作为一种材质出现在 Maya 的渲染器中，但在使用它时最好不要将其当做材质来用。而利用它的场景功能，它可以将 Fog

图 3-11　体积材质

沿摄像机的角度铺满整个场景。

"环境雾"（Environment Fog）有两种类型："简单雾"（Simple Fog）（默认）和"物理雾"（Physical Fog）。

3.2.2.2　Light Fog 灯光雾：模拟特定灯光照亮的空气（如雾、烟、灰尘）中的粒子。使用中可以添加灯光雾给聚光灯和点光源。"灯光雾"（Light Fog）可以投射深度贴图阴影,而"环境雾"（Environment Fog）则不能。

这种材质与环境雾的最大区别在于它所产生的雾效只分布于点光源和聚光源的照射区域范围中，而不是整个场景。这种材质十分类似 3D Max 中的体积雾特效。

3.2.2.3　Particle Cloud 粒子云：这种材质大多与 Particle Cloud 粒子云粒子系统联合使用。作为一种材质，它有与粒子系统发射器相连接的接口，既可以生产稀薄气体的效果，又可以产生厚重的云。它可以为粒子设置相应的材质。

3.2.2.4　Volume Fog 体积雾：它有别于 Env Fog 环境雾，可以产生阴影化投射的效果。

3.2.2.5　Volume Shader 体积材质：这种材质表面类型中对应的是 Surface Shader 表面阴影材质，它们之间的区别在于 Volume Shader 材质能生成立体的阴影化投射效果。

3.2.3　置换材质（Displacement Materials）

该材质主要是用于产生一种更加真实、明显的三维凹凸效果。它不同于表面材质中的 Bump Mapping，Bump Mapping 所产生的三维凹凸效果对物体边缘不会产生效果，而 Displacement Materials 三维凹凸效果会造成物体边缘有起伏的三维效果。

3.3　材质的属性

3.3.1　材质的通用属性（Common Material Attributes）

通用属性在 Maya 中也称作公共属性，指

图 3–12　公共属性参数

的是每种材质都共有的属性，是一种参数的共享（图 3–12）。

3.3.1.1　颜色（Color）

控制的是材质的颜色。

3.3.1.2　透明度（Transparency）

透明度控制的是材质的透明度。例如：若 Transparency 的值为 0（黑）时表面完全不透明。若值为 1（白）时为完全透明。要设定一个物体透明，可以设置 Transparency 的颜色为灰色，或者与材质的颜色同色。Transparency 的默认值为 0。

3.3.1.3　环境色（Ambient Color）

它的颜色缺省为黑色，但并不影响材质的颜色。当 Ambient Color 变亮时，它改变被照亮部分的颜色，并混合这两种颜色，而且可以作为一种光源使用。通常在渲染器的使用中，我们经常会在 Ambient Color 进行贴图和颜色的调整。

3.3.1.4　白炽度（Incandescence）

模仿白炽状态的物体发射的颜色和光亮（但并不照亮别的物体），默认值为 0（黑），其典型的例子如模拟红彤彤的熔岩，可使用亮红色的 Incandescence 色。（同样也是影响阴影和中间调部分，但是它和环境光的区别在于一个是被动受光，一个是本身主动发光，比如金属高温发热的状态。）

3.3.1.5　凹凸贴图（Bump Mapping）

通过对凹凸映射纹理的像素、颜色、强度的取值，在渲染时改变模型表面法线使它看上去产生凹凸的感觉，实际上凹凸贴图的物体的表面并没有改变。如果渲染一个有凹凸贴图的球，观察它的边缘，发现它仍是圆的。

（注意：它和之前提到过的 Displacement 有着本质的区别。Bump 是属于视觉上的一种假象，Displacement 会影响物体的外形。故而，前者的运算速度要远远大于后者。）

3.3.1.6　漫反射（Diffuse）

它描述的是物体在各个方向反射光线的能力，Dlffuse 值的作用的一个比例因子。应用于 Color 设置，Diffuse 的值越高，越接近设置的表面颜色（它主要影响材质的中间调部分）。它的默认值为 0.8，可用值为 0 至无穷。

（注意：Diffuse 和 Ambient Color 在调节的过程中状态很相似，但实际不然。Diffuse 实际上是材质自身对外界的一种反映，可以说是一种主动的反应。而 Ambient Color 实际上是外界对材质自身的一种影响，它是一个被动反应，而且还可以用 Ambient Color 作为光源去影响其他的材质。）

3.3.1.7　半透明（Translucence）

半透明是指一种材质允许光线通过，但并不是真正的透明状态。这样的材质可以接受来自外部的光线，使得物体很有通透感（常见的半透明材质还有蜡、纸张、树叶、花瓣、叶子、角色人物的耳朵等透光但不透明等材质）。

3.3.1.8　半透明深度（Translucence Depth）

深度透明是灯光通过半透明物体所形成阴影的位置的远近，它的计算形式是以世界坐标为基准的。

3.3.1.9　半透明聚焦（Translucence Focus）

半透明聚焦是灯光通过半透明物体所形成阴影的大小。值越大，阴影越大，而且可以全部穿透物体；值越小，阴影越小，它会在表面形成反射和穿透。换句话说，就是可以形成表面的反射和底部的阴影。

（技巧与说明：若设置物体具有较高的 Translucence 值，这时应该降低 Diffuse 值以避免冲突。表面的实际半透明效果基于从光源处获得的照明和它的透明性是无关的。但是，当一个物体越透明时，其半透明和漫射也会得到调节，环境光对半透明或者漫反射无影响。）

3.3.2 材质的高光属性（Specular Shading）

高光属性（Lambert 材质除外）控制表面反射灯光或者表面炽热所产生的辉光的外观。

3.3.2.1 各向异性（Anisotropic）

这种材质类型用于模拟具有微细凹槽的表面，镜面高亮与凹槽的方向接近于垂直。可以制作的效果例如：头发、斑点和 CD 光盘，都具有各向异性的高光（图 3-13、图 3-14）。

1. 角度（Angle）：由于 Anisotropic 材质的高光不像其他 Shader 的高光一样是圆形的，它的高光区域类似月牙形，所以导致 Anisotropic 材质出现了角度控制，可以控制 Anisotropic 的高光方向。

2. Spread X 和 Spread Y：是控制 Anisotropic 高光在 X 和 Y 方向的扩散程度，用这两个参数可以形成柱或锥状的高光，可以用来制作光碟的高光部分。

图 3-13 各向异性参数

图 3-14 动画电影《超人特工队》中的人物头发材质特效

3. 粗糙度（Roughness）：是控制各项异材质的高光粗糙程度的，所谓粗糙程度主要是控制高光大小。当把该值设为 0 的时候，会看到一个很小的亮斑；值等于 1 时，此时的高光面积很大，但是高光的亮度也会下降。

4. 菲涅耳指数（Fresnel Index）：是控制高光强弱的，当该值为 0 时，将不会看到高光（看起来与 Lambert 类似），当把值向右拖动时，高光会逐渐显现出来。

5. 镜面颜色（Specular Color）：是控制高光颜色的，可以根据颜色的设定来控制高光的色彩。

6. 反射率（Reflectivity）：反射率是控制反射能力的大小的。

7. 反射颜色（Reflected Color）：反射颜色，在渲染过程中通过光影追踪来运算故然真实，但是渲染时间太长，所以通常可以通过在 Reflected Color 中添加环境贴图来模拟反射（也称为伪反射），从而减少渲染的时间。

8. 各向异性反射（Anisotropic Reflectivity）：是一个判断选项。当打开此选项时，上方的 Reflectivity 将失去作用，Maya 会自动运算反射率，如果关闭则反之（Reflectivity 这个参数在打开和关闭光影追踪时都会同样起作用）。

3.3.2.2 布林（Blinn）

这种材质具有较好的软高光效果，是许多艺术设计者使用的材质，有高质量的镜面高光效果，所使用的参数是 Eccentricity Specular rolloff 等值对高光的柔化程度和高光的亮度，这适用于一些有机表面，如铜、铅、钢等金属表面（图 3-15、图 3-16）。

1. 离心率（Eccentricity）：主要控制 Blinn 材质的高光区域的大小。

2. 镜面反射衰减（Specular Roll Off）：主要功能是控制高光强弱。Specular Color、Reflectivity、Reflected Color 在此前各项异材质中已作介绍，这里不再赘述。

3.3.2.3 海洋着色器（Ocean Shader）

这是从 Maya4.5 版本以后新添加的 Shader，

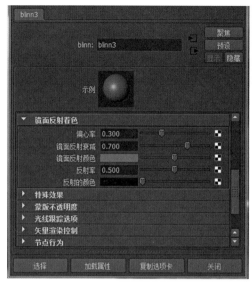

图 3-15　Blinn 材质参数

图 3-17　海洋材质参数

图 3-16　动画电影《机器人 9 号》中金属材质

图 3-18　动画电影《冰河世纪》海洋材质场景

它主要应用于流体，可适用于海洋、水、油等液体（图 3-17、图 3-18）。

Specularity：同样是控制 Ocean Shader 的高光大强弱的，值越大高光越强（Eccentricity、Specular color、Reflectivity 同 Blinn 参数）。

3.3.2.4　Phong

Phong 材质有明显的高光区，适用于湿滑的、表面具有光泽的物体，如玻璃、塑料、橡胶制品等。利用 Cosine Power 对 Phong 材质的高光区域进行调节（图 3-19、图 3-20）。

余玄率（Cosine Power）：控制 Phong 材质的高光的大小，值越小高光的范围就越大。

3.3.2.5　Phong E

Phong E 与 Phong 的材质很相似，Phong E 在高光的控制方面更胜一筹，因为它新增了一些控制高光的参数，能很好地根据材质的透明度控制高光区的效果，更加便于操控。Phong E 实际上是 Phong 的一种变异类型（图 3-21、图 3-22）。

1．粗糙度（Roughness）：控制高亮区域的柔和性。

2．白度（Whiteness）：控制高亮区域的高光点的颜色。

3．高光大小（Hightlight Size）：控制高亮区域的大小。注意：Whiteness 和 Specular Color 是有区别的，Specular Color 是控制这个高光区域的颜色，而 Whiteness 是控制高光区域中最亮部分的颜色。换言之，Whiteness 附属于 Specular Color。

图 3-19　材质参数

图 3-20　动画电影《汽车总动员》中材质表现

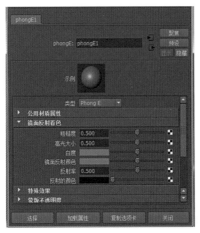

图 3-21　Phong E 材质差数

图 3-22　动画电影《机器人历险记》中的复合金属材

3.3.2.6　渐变着色器（Ramp Shader）

Ramp Shader 不同于其他的高光属性，它可以在每个控制高光的参数中再细分出很多渐变的控制，这样操作可使 Shader 的高光形成不同的颜色过渡，甚至可使它发生多层次的颜色变化，制作出多奇妙的效果（图 3-23、图 3-24）。

1. 镜面反射、偏心率（Specularity、Eccentricity）：分别控制 Shader 的强弱和大小。

2. 镜面颜色（Specular Color）：控制高光的颜色，但是颜色不再是单色，而是一个可以直接控制的 Ramp（渐变）。它可以控制颜色的位置、颜色及渐变的类型。

3. 镜面反射衰减（Specular Roll Off）：控制高光的强弱，但是它新添加了用曲线来控制的功能，如选择曲线上的点所在的位置、值的大小还有曲线的形式。

图 3-23　渐变着色器参数

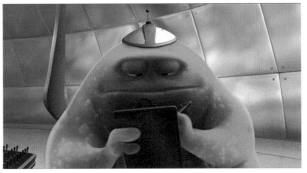

图 3-24　动画短片《怪物公司》中透明材质的渐变

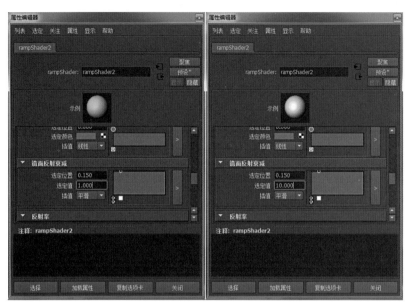

图 3-26　辉光参数

图 3-25　左图是默认为 1 的状态　右图是将值设定为 10 的状态

图 3-27　电影《星球大战》中辉光效果

（注意：在使用某一个属性的滑条时一般会默认一个范围区间，例如图 3-25，左图 Specular Roll Off 属性，在默认的情况下是 0 ~ 1 的范围，但是当输入一个大于 1 的值时，会发现滑条的位置和范围都发生了变化，如右图。操作者可以通过这样的控制来提高 Shader 的某一属性）

3.3.3　特殊属性（Special Effect）：

一般是控制材质本身以外的效果，就像滤镜一样，会在 Shader 表面形成一个光晕的效果。在渲染的运算中它是最后一个产生效果的，即给物体加上辉光（Glows）的效果（图 3-27）。如图 3-26 是各个材质中的 Special Effect 菜单。

3.3.3.1　隐藏源（Hide Source）

控制发光物体是否显示，开启此选项后光源不再显示。

3.3.3.2　光强（Glow Intensity）

控制发光物体的 Glows 的强度。

3.3.4　不透明遮罩（Matte Opacity Mode）

不透明遮罩选项的性质与二维动画层级制作类似，可将前景、中景、后景物体分开合成。一

图 3-28　不透明遮罩选项

般是用于合成方面，它可以控制渲染出的 Alpha 通道的透明度。以便合成时更好地控制层与层间的叠加关系，如图 3-28。

不透明遮罩（Matte Opacity Mode）具备三种模式，分别为：不透明度增益（Opacity Gain）、均匀蒙版（Solid Matte）和黑洞（Black Hole），下面分别介绍这三种模式。

3.3.4.1　不透明度增益和均匀蒙版（Opacity Gain/Solid Matte）

控制渲染图片的 Alpha 通道的透明度。

3.3.4.2　黑洞（Black Hole）

当模型作为 Alpha 通道控制渲染时，不透明遮罩可以选择黑洞模式作为物体之间的遮挡关系，

图 3-29 原创短片《伟大的猎人》中的分层效果

此选项在实际分层渲染和合成时应用比较多。

在动画渲染中，一个场景中存在多个物体或多层次需要，并且结合镜头位置，各物体间又有遮挡关系，这时如果要分离出单个物体的可调节性（包括颜色、亮度和对比度等），就需要将模型材质属性中的不透明遮罩设置为黑洞模式，然后进行分层渲染，如图 3-29，第 4 章案例剖析内容会对分层渲染进行介绍。

3.3.5 光线追踪选项（Raytrace Options）：

光线追踪选项主要是在光线追踪的条件下物体自身的光学反应。用于控制透明物体经过光线照射后，对光线的反射、折射及阴影的影响（图 3-30）。

3.3.5.1 折射开关（Refractions）

控制透明物体是否计算折射。如果开启此选项，就可以设置其下方的各选项。

3.3.5.2 折射率（Refractive Index）

控制光穿透透明物体时折射的强度。下面列举了几种物质的折射率——空气 1、水 1.33、玻璃 1.44、石英 1.55、晶体 2.00、钻石 2.42（可见第 2 章灯光相关内容）。

3.3.5.3 折射限制（Refraction Limit）

该选项值越大计算出来的折射效果越真实，但渲染速度也越慢。

3.3.5.4 吸光系数（Light Absorbance）

控制光线照射透明物体，产生反射和折射时物体吸收光线的程度。

3.3.5.5 表面厚度（Surface Thickness）

使用此选项为物体增加厚度，以便做出反射和折射的效果。

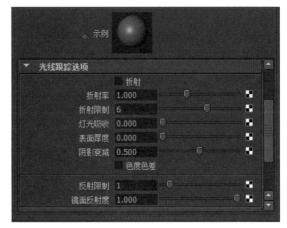

图 3-30 光线追踪参数

3.3.5.6 阴影衰减（Shadow Attenuation）

用于计算由于光线穿透透明物体所产生的反射、折射范围和强度的不同而对阴影的影响程度。

3.3.5.7 反射限制（Reflection Limit）

用来控制物体表面的反射次数，次数越多越真实，但计算速度也越慢。

3.4 材质的节点

3.4.1 什么是节点

Maya 是基于节点构建的。"对象"（例如球体）是基于几个节点构建的：创建节点（记录创建球体的选项），变换节点（记录对象移动、旋转和缩放的方式）以及形状节点（存储球体控制点的位置），每个操作步骤都是节点控制的。

材质和纹理都具有包含可用于控制其外观的属性的节点。纹理放置节点拥有可用于控制纹理到曲面适配方式的属性。如图 3-31 为展开一种材

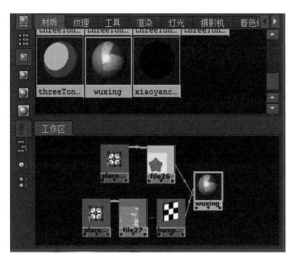

图 3-31 材质节点操作

图 3-32 不同材质与纹理的表现

质的贴图节点。

渲染节点是将相互连接起来用作构建块以生成所有渲染效果的各个组件。类似于 Maya 中的所有其他节点，操作中可以为渲染节点设置动画或者将它们映射到其他节点的参数。

纹理节点、放置节点和材质节点及其输入和输出连接（属性）定义最终渲染图像的所有方面，从曲面到灯光和阴影。

可以连接节点以创建所需的效果，还可以共享节点以创建可视关系和提高渲染效率。例如，两个对象可以共享单个纹理以使这两个对象外观相同，这种方法可提高内存和处理器的使用效率。

3.4.2 材质纹理

材质与纹理的区别：

材质是指物体表面最基础的材料，如石材、金属、木质、塑料或者玻璃等。

纹理也可称为肌理，是附着在材质之上的，比如：带有色彩花纹的大理石、生锈的钢板、粗糙的树皮、满是尘土的台面、红色织物以及结满霜的玻璃等，纹理要有丰富的视觉感受和对材质质感的体现。我们也可以把纹理理解为材质的表象属性（图 3-32）。

虽然 Maya 中灯光表现的方式近似于现实世界中的灯光属性，但是在计算机图形软件中模型材质和灯光交互的方式有较大的不同。材质节点是一种渲染节点，当其应用于对象时，能够定义渲染时对象的模型表面如何出现。

在 Maya 中，材质节点定义曲面如何对灯光作出反应。Maya 中包含多种类型的材质节点，可帮助操作者模拟材质在现实世界的不同光照下的质量或行为：表面材质节点、体积材质节点和置换材质节点。

在 Maya 中，表面材质节点有助于定义模型表面如何对灯光作出反应。可以设定材质的属性，如场景元素的颜色、镜面反射度、反射率、透明度和曲面细节，从而创建各种各样的真实图像。

3.4.3 2D 纹理

纹理节点是一种在映射到对象的材质后用于定义对象材质在渲染后的显示方式的渲染节点。

纹理节点（具有材质节点）添加到告知渲染器如何对模型进行着色的"着色组"（Shading Group）节点中。

纹理节点是由 Maya 或导入到 Maya 的可用作材质属性的纹理贴图的位图图像生成的程序纹理。不同属性（如颜色、反射和凹凸）上的纹理贴图会影响材质的外观。有关纹理贴图的详细信息，请参见纹理贴图。

创建渲染节点（Create Render Node）窗口中提供的 2D 纹理包括："凸起"（Bulge）、"文件"（File）、"栅格"（Grid）等。下面我们将选取常用的节点属性来介绍。

3.4.3.1 凸起（Bulge）

▦ 凸起

通过程序方式创建朝边方向褪色为灰色的白

色方形栅格。使用凹凸或置换贴图创建曲面凸起、作为透明度贴图或镜面反射贴图模拟真实世界中的对象，如边缘有灰尘的窗户，或作为颜色贴图来模拟分片。纹理方形在 U 向和 V 向的宽度。取值范围在 0 ~ 1 之间。默认值为 0.1。在"创建"(Create) 栏中查找该纹理（图 3-33）。

3.4.3.2 棋盘格（Checker）

棋盘格

表示棋盘格图案。

Color1、Color2：棋盘格方块的两种颜色。

对比度（Contrast）：

两种纹理颜色之间的对比度。范围为 0（两种颜色在整个纹理上平均分布）到 1。默认值为 1。

3.4.3.3 布料（Cloth）

布料

布料用于模拟织物或其他编织材质（图 3-34）。

1. 间隙颜色（Gap Color）

经线（U 方向）和纬线（V 方向）之间区域的颜色。颜色混合到其边处的"间隙颜色"(Gap Color) 中。较浅的"间隙颜色"(Gap Color) 模拟用更软、更加透明的线织成的布料。

2. U 向颜色（U Color）、V 向颜色（V Color）：

U 向线和 V 向线颜色。双击颜色条打开"颜色选择器"(Color Chooser)，然后选择颜色。

3. U 向宽度（U Width）、V 向宽度（V Width）：

U 向线和 V 向线宽度。如果线宽度为 1，则丝线相接触，间隙为零。如果线宽度为 0，则丝线将消失。宽度范围为 0 ~ 1。默认值为 0.75。

4. U 向波（U Wave）、V 向波（V Wave）：

U 向线和 V 向线的波纹。用于创建特殊的编织效果。范围为 0 ~ 0.5。默认值为 0。

5. 随机度（Randomness）

在 U 方向和 V 方向随机涂抹纹理。调整"随机度"(Randomness) 值，可以用不规则丝线创建看起来很自然的布料，也可以避免在非常精细的布料纹理上出现锯齿和云纹图案。有效取值范围为 0 到无限。取值范围为 0 ~ 1。默认值为 0。

6. 宽度扩散（Width Spread）

从"U 向宽度"(U Width) 和"V 向宽度"(V Width) 值中减去一个随机数量（介于 0 和"宽度扩散"(Width Spread) 值之间），以沿着每条线的长度随机化线宽度。例如，如果"宽度扩散"(Width Spread) 大于或等于"宽度"(Width value) 值，则某些线会在沿其长度的某些点上消失。

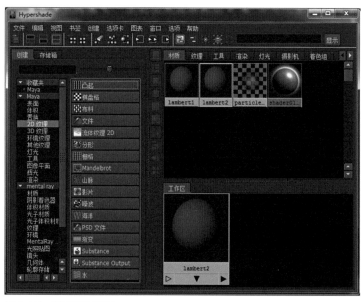

图 3-33　创建操作界面

图 3-34　布料参数

取值范围为 0 ～ 1。默认值为 0。

7. 亮度扩散（Bright Spread）

从"U 向颜色"（U Color）和"V 向颜色"（V Color）中减去一个随机数量（介于 0 和"亮度扩散"（Bright Spread）值之间），以沿着每条线的长度随机化线的亮度（与"宽度扩散"（Width Spread）类似）。取值范围为 0 ～ 1。默认值为 0。

3.4.3.4　文件（File）

🖊 文件

文件纹理包括通过照片扫描的位图、数码摄影机摄取的位图，在 2D 或 3D 绘制软件包中绘制并由工作人员引进 Maya 中使用的位图。允许将图像文件用作 2D 纹理，文件纹理的过滤效果比大部分程序纹理好，并且可以得到更好的图像质量。

1. 用于硬件渲染的文件纹理

通常，使用文件纹理进行渲染时要考虑纹理在屏幕空间中占据的空间量。较大纹理（一维或二维）会占用大量内存且渲染时间较长，因为硬件渲染器必须花费更多时间来减小纹理大小。进行渲染时，使纹理尽可能小。这将大大缩短渲染时间，减少内存使用量，得到更好的质量（减少锯齿问题和纹理表面涂布不均）。

2. 可分片的文件纹理图像

类似于任何其他纹理，将文件纹理映射到某个材质（着色器）属性。可以将文件纹理映射为可分片（重复的）图像，其中纹理的反向边排成一行。默认情况下，程序纹理可分片，但如果要对文件纹理进行分片（重复），则必须确保所有边都正确匹配以防止出现接缝。若要确保所有边都正确匹配，可以使用图像编辑软件包偏移图像，然后修改偏移分片中的光亮或黑暗区域。可分片位图图像是一种可拆分成较小片的图像。可分片图像可由渲染器更快速地加载，从而节省渲染时间。

3. 方形和非方形位图图像：

纹理与模型完美适配，就仿佛纹理已绘制到模型上一样。可以调节纹理附加到的曲面。不过，如果 Maya 能够将任何非方形纹理缩放为方形纹理，Maya 会更高效，因此，建议首先使用方形图像。如果正在为其绘制纹理的对象不是方形的（如灯杆），请将纹理置于一个黑色方形中。

4. 过滤器类型（Filter Type）

过滤器类型指渲染过程中应用于图像文件的采样技术。"二次方"（Quadratic）、"四次方"（Quartic）和"高斯"（Gaussian）过滤器仅在"文件"（File）纹理直接映射到着色组时才会起作用。默认设置为"二次方"（图 3–35）。

（1）二次方（Quadratic）、四次方（Quartic）、高斯（Gaussian）

它们均属于钟形曲线类型。在这类曲线中，极端值的权重小于曲线中心的值。极端是指过距滤器采样区域最远的纹理中的点，曲线中心是指要过滤的区域的中心。

"二次方"和"四次方"与"高斯"过滤器类型十分类似，但其速度已经过优化。由于高斯方法可能会降低渲染速度，因此，它主要用于高质量的渲染。"二次方"是效能比最好的过滤器类型。

（2）Mipmap

"Mipmap"将从较大的纹理贴图大小的平均值开始存储值，并按线性方式将贴图大小减少至单个像素值。

使用该过滤器可以进行预览，它运行速度快，而且结果比较理想。但是，请勿将它用于较高质量的渲染。纹理可能会游移或出现模糊。

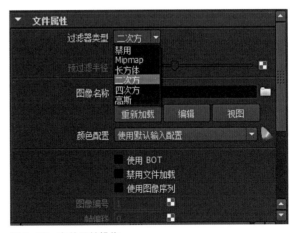

图 3–35　文件属性操作

"Mipmap"的使用成本非常低。默认情况下，Maya将它用作存储颜色值的技术。

（3）长方体（Box）

为纹理贴图使用简单的框采样方法。每个贴图采样均会获得相同的着色采样权重。"长方体"（Box）过滤器将使用采样值的总和除以采样数。

（4）预过滤（Pre-Filter）

"预过滤"（Pre-Filter）和"预过滤半径"（Pre-Filter Radius）属性用于校正已混淆的或者在不需要的区域中包含噪波的文件纹理。这在置换映射时十分有用。

启用时，图像文件将会"预过滤"，以去除噪波和锯齿，从而提供更优质的结果，特别是对于凹凸贴图尤其如此。默认情况下，"预过滤"已禁用。请启用它，以启用"预过滤半径"属性。

确定过滤半径的大小。默认值为2.0，适用于大多数图像，可以增加半径以提供更平滑的结果。

（5）图像名称（Image Name）

"文件"（File）纹理使用的图像文件或影片文件的名称。若要使用图像文件序列来创建动画，则该文件名必须以下列三种格式之一来表示：

name.#.ext

name.ext.#

name.#

（其中，name是文件的基本名称；#是帧编号（含或不含前导0），ext是文件的文件扩展名。）

若要使用图像文件序列来创建动画文件纹理，则文件扩展名必须用句号与基本名称和／或扩展名隔开。

例如，以下格式有效：

test.1.iff

test.0001.iff

test.1 test.0001

test.iff.1

test.iff.0001

（6）重新加载（Reload）

使用该按钮可强制刷新（从磁盘读取到临时内存）纹理。如果需要由其他美工人员更新要使用的纹理，建议使用该按钮。

（7）编辑（Edit）／视图（View）

将从Maya中启动外部应用程序，以便您能够编辑纹理。除非已在"应用程序"首选项中指定特定的应用程序，否则将使用默认的系统图像编辑器。

（8）颜色配置（Color Profile）

在场景中使用颜色管理时，使用该选项。选择"文件"（File）纹理使用的颜色配置。

"颜色配置"（Color Profile）下拉框中提供了两个区域。在第一个区域中，有一个内置颜色配置的列表。在第二个区域中，有一个在当前场景中的所有现有颜色配置节点的列表（图3-36）。

单击colorProfile节点图标■创建"colorProfile"节点并将其连接到当前"文件"（File）节点。

（提示：为了在场景中使用颜色管理，必须在渲染设置＞公用选项卡＞"启用颜色管理"（Enable Color Management）选项。"渲染设置"（Render Settings）：公用选项卡。）

（9）使用BOT（Use BOT）

使用块有序纹理。

如果图像文件不是BOT文件，则在渲染过程中，Maya会为该图像文件创建临时BOT文件。这样会降低渲染的速度，并且会增加渲染过程中所使用的磁盘空间量。但是，渲染过程中所使用的内存较少。因此，在使用"优化场景"（Optimize Scene）命令进行渲染之前，将所有图像文件纹理转化为BOT文件可能非常有用。

（10）禁用文件加载（Disable File Load）

如果已设定，则不会加载纹理。相反，系统将输出灰色，而不是图像。使用图像序列的图

图3-36　颜色配置

像编号的帧偏移（Use Image Sequence Image Number Frame Offset）

　　若要在渲染时使用图像文件序列作为动画纹理，请启用"使用图像序列"（Use Image Sequence）。默认情况下，"使用图像序列"已禁用。使用图像序列时，可以设定"图像编号"（Image Number）值的关键帧（默认情况下，它将自动设定关键帧1）。此外，还可以通过在"帧偏移"（Frame Offset）中输入帧编号，从而偏移"图像编号"关键帧。

　　5. 交互式序列缓存（Interactive Sequence Caching）

　　"交互式序列缓存"（Interactive Sequence Caching）用于纹理设置动画以便以正常速度播放动画时缓存文件纹理。

　　当"使用交互式序列缓存"（Use Interactive Sequence Caching）处于启用状态时，在序列开始、序列结束和序列增量范围内指定的文件纹理只能加载到内存中一次。这将加快文件纹理的交互式动画。

　　在以下情况中，启用"使用交互式序列缓存"可获得更佳的性能：

　　（1）使用帧序列作为文件纹理。

　　（2）在 3D 视图中使用"硬件纹理"（Hardware texturing）。

　　（3）需要沿时间线前后拖动（前后移动时间滑块），并查看动画纹理的更新。

　　使用以下属性可指示要加载的帧。如果未全部加载，则 Maya 将使用播放时最近的可用帧。

3.4.3.5　流体纹理 2D（Fluid Texture 2D）

将 2D 流体纹理应用到对象。

　　1. 创建对象，并将表面着色器指定给它（例如，"Blinn"）。

　　2. 在着色器的"属性编辑器"（Attribute Editor）中，单击要将流体纹理映射到的属性，例如，"颜色"（Color）旁边的映射按钮。将显示"创建渲染节点"（Create Render Node）窗口。

　　3. 在"创建渲染节点"（Create Render Node）窗口的右侧面板中，单击 流体纹理 2D。

　　Maya 会创建一个 2D 流体容器（Fluid Texture 2DShape 节点）和一个 Place 2DTexture 节点。

　　1. 如有必要，移动流体容器，以便可以在场景中看到它。

　　2. 向容器添加"密度"（Density）。有关详细信息，请参见向流体容器添加属性。

　　3. 修改流体属性。有关详细信息，请参见修改流体属性。

　　启用"硬件纹理"（Hardware Texturing）["着色 > 硬件纹理"（Shading>Hardware Texturing）]，并且如果流体是动力学流体，请播放模拟。

　　在软件渲染中不会显示流体容器。

3.4.3.6　分形（Fractal）

　　表示具有某个特定频率分布的随机函数（分形）。可以将分形（Fractal）纹理作为凹凸或置换贴图来模拟岩石或山脉，或作为透明贴图来模拟云或火焰效果。分形纹理在任何放大级别时都具有相同的细节级别（即在离摄影机不同的位置上）。

　　1. 振幅（Amplitude）

　　应用到纹理中的所有值的缩放因子。有效取值范围为 0 到无限。取值范围为 0 ~ 1。默认值为 1。

　　2. 阈值（Threshold）

　　应用到纹理中的所有值的偏移因子。有效取值范围为 0 到无限。取值范围为 0 ~ 1。默认值为 0。

　　3. 比率（Ratio）

　　控制分形图案的频率。取值范围为 0（低频率）到 1（高频率）。默认值为 0.707。

　　4. 频率比（Frequency Ratio）

　　确定噪波频率的相对空间比例。如果该比率不是一个整数，则分形不会在整数 UV 边界重复。然后，一个带有默认放置的圆柱体会显示一个接缝。

最低级别（Level Min）、最高级别（Level Max）

用于计算分形图案的最小和最大迭代次数。这些值控制分形图案的粒度。有效取值范围为 0 ～ 100。取值范围为 0 ～ 25。"最低级别"（Level Min）的默认值为 0，"最高级别"（Level Max）的默认值为 9。

5．弯曲（Inflection）

这会在噪波函数中应用一个纽结。对于创建膨胀或凹凸效果非常有用。

已设置动画（Animated）

通过设置"已设置动画"（Animated）为启用，并设置"时间"（Time）值的关键帧来设置分形图案的动画。当启用"已设置动画"（Animated）时，"分形"（Fractal）纹理会花费更长的时间来计算。默认情况下，"已设置动画"（Animated）处于禁用状态。

6．时间（Time）

更改"时间"（Time）值以调整已设置动画的分形图案。如果"已设置动画"（Animated）处于禁用状态，则"时间"（Time）属性不可用。取值范围为 0 ～ 100。默认值为 0。

7．时间比（Time Ratio）

确定噪波频率的相对时间比例。如果该比率不是整数，则动画将不会在时间为 1 时重复。默认设置为等于频率比，这意味着更高的频率噪波移动速度更快，与频率成正比。然而，水波等许多自然效果的移动不是相对于频率的平方根，因此需要创建更好的运动以使 timeRatio=sqrt(frequencyRatio)。例如，如果 frequencyRatio 为 2，则 timeRatio 等于 1.4。

3.4.3.7 山脉（Mountain）

山脉

使用 2D 分形图案模拟岩石地形。

使用"山脉"（Mountain）纹理（在平面上）同时用作颜色贴图和凹凸／置换贴图，以模拟积雪覆盖的山脉。若要执行此操作，请按如下方式应用"山脉"（Mountain）纹理：

纹理将根据凹凸／置换贴图计算颜色贴图，例如，雪的位置以曲面的置换为依据。

颜色属性［"雪颜色"（Snow Color）和"岩石颜色"（Rock Color）］仅与颜色贴图相关，对凹凸／置换贴图没有任何影响——所有非颜色属性仅与凹凸／置换贴图相关，对颜色贴图没有任何影响。凹凸／置换贴图的"边界"（Boundary）、"雪海拔高度"（Snow Altitude）、"雪衰减"（Snow Dropoff）、"雪渐变"（Snow Slope）和"最大深度"（Depth Max）属性值将覆盖颜色贴图的这些属性。例如，凹凸／置换贴图的"边界"（Boundary）值控制颜色贴图的雪／岩石粗糙度。

1．雪颜色（Snow Color）、岩石颜色（Rock Color）

雪和岩石的颜色。单击颜色文件以从"颜色选择器"（Color Chooser）中选择不同的颜色。

2．振幅（Amplitude）

应用于纹理中所有值的比例因子。有效范围是 0 到无限。取值范围是 0 ～ 1。默认值为 1。

3．雪粗糙度（Snow Roughness）

雪的粗糙度取值范围是 0（非常平滑的雪）～ 1（非常粗糙的雪）。默认值为 0.4。

4．岩石粗糙度（Rock Roughness）

岩石的粗糙度取值范围是 0（非常平滑的岩石）～ 1（非常粗糙的岩石）。默认值为 0.707。

5．边界（Boundary）

岩石／雪边界的粗糙度取值范围是 0（非常平滑的岩石／雪边界）～ 1（极其粗糙的岩石／雪边界）。默认值为 1。

6．雪海拔高度（Snow Altitude）

岩石和雪之间的过渡级别（海拔高度）有效范围是 0 到无限。取值范围是 0 ～ 1。默认值为 0.5。

7．雪衰减（Snow Dropoff）

雪不会粘住山脉的突然性。有效范围是 0 到无限。默认值为 2。

8．雪渐变（Snow Slope）

雪不会粘住山脉的最大角度（用小数值来表示）。例如，如果渐变超过"雪渐变"（Snow

Slope）值，则它会成为光秃秃的岩石。有效范围是 0 到无限。取值范围是 0 ～ 3。默认值为 0.8。

9. 最大深度（Depth Max）：

用于计算分形图案的最大迭代数，其控制分形图案的粗细度。取值范围是 0 ～ 40。默认值为 20。

3.4.3.8　噪波（Noise）

可用于创建许多不同类型的效果，是应用比较广泛的节点。

1. 阈值（Threshold）

添加到整个分形效果的数值，使分形效果均匀加亮。如果分形的某些部分增加到超出范围之外（大于 1.0），则它们将被剪裁到 1.0。如果将"体积噪波"（Volume Noise）用作凹凸贴图，它将显示为高原区域。

2. 振幅（Amplitude）

应用到纹理中的所有值的比例因子，以纹理的平均值为中心。

增大"振幅"（Amplitude）时，浅色区域更亮，深色区域更暗。

将"噪波"（Noise）用作凹凸贴图时，增大"振幅"将导致出现更高的凸起和更深的凹陷。

如果设定为大于 1.0 的值，则将对扩展到范围之外的纹理部分进行剪裁。在凹凸贴图上，这些部分将显示为高原区域。

3. 比率（Ratio）

控制分形爆波频率。增大该值将提高分形细节的细度。

4. 频率比（Frequency Ratio）

确定噪波频率的相对空间比例。如果该值不是整数，则分形不会在 UV 边界重复。例如，一个使用默认放置的圆柱体将显示接缝。

5. 最大深度（Depth Max）

控制通过"噪波"（Noise）纹理执行的计算量。由于"分形"（Fractal）纹理过程生成的分形更详细，因而需要花费更长的时间来执行。默认情况下，纹理会为正在渲染的体积选择适当的级别。使用

"最大深度"可以控制纹理的最大计算量。

6. 弯曲（Inflection）

在噪波函数中应用折点。对于创建蓬松或凹凸效果非常有用。

7. 时间（Time）

用于设置"噪波"（Noise）纹理的动画。您可以通过对"时间"属性设置关键帧来控制纹理的更改速率和更改量。

8. 频率（Frequency）

确定噪波的基础频率。随着该值的增加，噪波将变得更加详细。它的效果与比例参数相反。

9. 内爆（Implode）

这会以围绕"内爆中心"（Implode Center）定义的点的同心方式扭曲噪波函数。值为 0 时，没有任何效果；值为 1.0 时，它是噪波函数的球形投影，可形成星光效果。负值可用于向外倾斜噪波（不是向内）。

10. 内爆中心（Implode Center）

它定义已定义内爆效果的中心 UV 点。

11. 噪波类型（Noise Type）

确定要在分形迭代过程中使用的噪波。

（1）柏林噪波（Perlin Noise）：用于 solidFractal 纹理的标准 3D 噪波。

（2）翻滚（Billow）：3D 噪波的总和，具有鼓起的云状效果。

（3）波浪：空间中 3D 波浪的总和。

（4）束状（Wispy）

将另一个噪波用作涂抹贴图的"Perlin"噪波；它使噪波在空间中拉伸，呈束状显示。当时间值已设置动画时，移动涂抹纹理将造成波状效果。这将创建一个类似于薄云被风吹动的效果。

（5）空间时间（Space Time）

"Perlin"噪波的一个四维版本，其中时间是第四维。

（6）密度（Density）

控制介质中嵌入的由"翻滚"（Billow）噪波类型使用的单元的数目。

设为 1.0 时，介质将由单元完全填满。降低

该值可以将单元变稀。如果将纹理用作凹凸贴图，较低"密度"值可以产生偶尔出现凹凸的平滑外观曲面。

（7）斑点化度（Spottyness）

控制"翻滚"（Billow）噪波类型所用的各个单元的密度随机化。

将值设定为接近0时，所有单元将具有相同的密度。如果增加"斑点化度"，某些单元会随机比其他单元稠密或稀疏。

（8）大小随机化（Size Rand）

控制"翻滚"（Billow）噪波类型所用的各个水滴的大小随机化。当该值接近于0时，所有单元将具有相同大小。如果增加"大小随机化"，某些单元会随机比其他单元小。

（9）随机度（Randomness）

控制"翻滚"噪波类型的单元相互之间相对的排列方式。设定为1.0时，单元将更自然地随机分布。

如果设定为0，所有斑点将按规则图案排布。在用作凹凸贴图时，这可以提供有趣的效果。例如：可以创建昆虫复眼或机床加工的粗糙曲面等。

12. 衰减（Fall off）：

控制"翻滚"噪波类型的各个水滴强度衰减的方式。

（1）线性（Linear）：从中心到水滴边缘处的零值均匀衰减。

（2）平滑（Smooth）：使用高斯衰减，会具有更加自然的外观。

（3）快速（Fast）水泡状（Bubble）：朝向水滴中心快速聚集强度。使用反转衰减，淡入到水滴中心处的零。

（4）波数（Num Waves）：确定要为"波浪"（Wave）噪波类型生成的波浪数量。该数字越大，随机外观越多，纹理越慢。

3.4.3.9　渐变（Ramp）

渐变

通过一系列颜色创建渐变。默认的"渐变"（Ramp）纹理是红／绿／蓝。可以使用渐变纹理：

创建不同类型的效果，如条纹、几何图案或杂色曲面；作为2D背景；作为环境球体纹理的源文件来模拟天空和地平线；作为投影纹理的源文件来模拟木材颗粒、大理石或岩石。

1. 类型（Type）

颜色渐变的方向。默认为"V向渐变"（V Ramp）。以下介绍了选择"圆形类型"（Circular Type）并在"属性编辑器"（Attribute Editor）中调整"渐变"（Ramp）的颜色时会发生的情况（图3-37）。

2. 插值（Interpolation）

控制渐变中的颜色混合方式。默认设置为"线性"（Linear）。在以上示例中，因为曲面是球形，"平滑插值"（Smooth Interpolation）的效果很好。

3. 渐变（Ramp）

渐变中的每个颜色组件的左侧都有一个圆形颜色控制柄，同时在右侧有一个方形颜色图标。活动颜色的颜色控制柄和图标周围有白色边框（图3-38）。

4. 选定颜色（Selected Color）

活动的颜色组件。该属性仅适用于活动颜色。

5. 选定位置（Selected Position）

渐变中的活动颜色组件的位置。该属性仅适用于活动颜色。范围为0（渐变底部）～1（渐变顶部）。

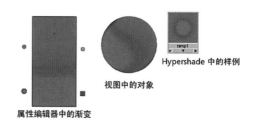

图3-37　渐变类型

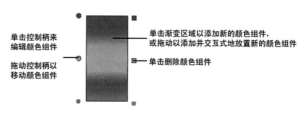

图3-38　渐变指示与操作

6. U 向波（U Wave）、V 向波（V Wave）

控制 U 和 V 方向中的纹理的正弦偏移振幅。增加"U 向波"（U Wave）或"V 向波"（V Wave）会增加纹理波纹的显示。范围为 0（无波浪）～ 1。默认值为 0。

7. 噪波（Noise）

2D 噪波在 U 和 V 方向的偏移量。如果该纹理重复（UV 向重复值大于 1），则噪波不会重复（该纹理的每个实例是唯一）。范围为 0（无噪波）～ 1。默认值为 0。

8. 噪波频率（Noise Freq）

控制噪波粒度（如果以上的"噪波"（Noise）值上方是非零）。范围为 0 ～ 1。默认值为 0.5。

9. HSV 颜色噪波（HSV Color Noise）

使用三个会影响颜色"色调"（Hue）、"饱和度"（Saturation）和"明度"（Value）的单独 2D 噪波来随机化"渐变"（Ramp）纹理的颜色。

（1）色调噪波（Hue Noise）

偏移颜色色调。用于标记带不同颜色斑点的颜色。范围为 0 ～ 1。默认值为 0。

（2）饱和度噪波（Sat Noise）

偏移颜色饱和度（或白度）。用于创建风化外观。范围为 0 ～ 1。默认值为 0。

（3）明度噪波（Val Noise）

偏移颜色值（或黑度）。范围为 0 ～ 1。默认值为 0。

色调噪波频率（Hue Noise Freq）、饱和度噪波频率（Sat Noise Freq）、明度噪波频率（Val Noise Freq）：

控制色调、饱和度和明度噪波的粒度。范围为 0 ～ 1。默认值为 0.5。（对于每个非零频率值，附加计算可能会降低渲染速度。）

3.4.3.10　水（Water）

水

模拟线性水波浪、同心水涟漪（如物体落入水中）或波浪和涟漪的组合。用作凹凸贴图或置换贴图来模拟水，或用作颜色贴图来模拟水面的

图 3-39　动画电影《海底总动员》海水水面

光线反射或折射（图 3-39）。

1. 波数（Number Of Waves）

纹理中的线性波数。有效范围为 0 ～ 100。滑块范围为 0 ～ 32。默认值为 8。

2. 波时间（Wave Time）

控制随着时间推移而变化的波浪外观。范围为 0 ～ 1。默认值为 0。波浪效果类似于由船所产生的波浪，即波浪以特定的速度和振幅从某个点开始，即零时间。随着时间增加，波浪达到岸边且外观发生变化（速度和振幅会减小）。若要模拟移动中的波浪，请为"波时间"值设置动画。该值增加时，波浪会发生移动。Maya 通过波速度值和为"波时间"值设置动画时的速率来确定波浪速度。

3. 波速度（Wave Velocity）

波浪的速率。有效范围为 0 到无穷大。取值范围是 0 ～ 1。默认值为 1。

4. 波振幅（Wave Amplitude）

缩放波高度。有效范围为 0 到无穷大。范围为 0 ～ 1。默认值为 0.05。

5. 快速（Fast）

"水"（Water）纹理的一种优化形式。启用该选项时，Maya 针对每帧计算一次颜色表。禁用该选项时，Maya 将对每个采样计算颜色表。

6. 波频率（Wave Frequency）

控制主波之间的距离。该值越高，距离越短，有效范围为 0 到无穷大。滑块范围为 0 ～ 20。默认值为 4。

7. 子波频率（Sub Wave Frequency）

控制位于主波顶部的次波之间的距离（例如：白浪），有效范围为 0 到无穷大。滑块范围为 0 ~ 1。默认值为 0.125。

8. 平滑度（Smoothness）

控制次波的强度。有效范围为 0 到无穷大。滑块范围为 0 ~ 5。默认值为 2。

9. 风 UV（Wind UV）

风在 U 方向和 V 方向的强度（确定了线性波浪图案的整体方向）。有效范围从 −1 ~ 1。U 方向默认值为 1，V 方向默认值为 0。

3.4.4　3D 纹理

3D 纹理可以以投影的方式加载到目标对象，如大理石或木材中的纹理。

使用 3D 纹理，对象看起来就像是由物体雕刻的，如岩石或木材。在场景视图中能够以交互方式缩放、旋转和移动 3D 纹理，以获得所需结果。

3.4.4.1　布朗（Brownian）

类似于绘制厚重的金属（图 3-40）。

1. 间隙度（Lacunarity）

定义您添加以形成纹理的频率（"倍频程"（Octaves））之间的间隙。默认情况下，基于噪波的纹理的"间隙度"（Lacunarity）设置为 2.0，但可以调整该值以创建有趣的效果。

2. 增量（Increment）

确定分形噪波的比率。在接近 0 时，纹理会更清晰；在接近 1 时，纹埋会更半滑。

3. 倍频程（Octaves）

设置噪波频率的上限（分形的重复值）。

4. 权重 3D（Weight3d）

确定在通过控制该过程中使用的任何分形的频率比例来进行投影时图像所呈现的波动情况。

3.4.4.2　云（Cloud）

用来模拟云效果（如图 3-41）。

如果将"云"纹理映射到球体，可以组合若干个球体来创建复杂的云排列。如果将"云"纹理映射到任何其他类型的曲面上，结果可能无法

预测。不管贴图类型如何，围绕云的区域始终是透明的。

1. 颜色 1（Color1）、颜色 2（Color2）

混合在一起形成云的两种颜色。若要选择不同颜色，请单击颜色栏以打开"颜色选择器"（Color Chooser）。

2. 对比度（Contrast）

"颜色 1"和"颜色 2"之间的对比度。例如，如果"对比度"值为 −1，则反转"颜色 1"和"颜色 2"。范围为负无穷大（两种颜色在整个纹理上平均）到正无穷大。默认值为 0.5。

3. 振幅（Amplitude）

控制用于生成"云"纹理的分形噪波的强度。有效范围为 0（无噪波）到正无穷大（强噪波）。默认值为 1。

4. 深度（Depth）

控制纹理的粒度。其值表示用来计算纹理图

图 3-40　写实金属效果

图 3-41　动画短片《暴力云与送子鸽》场景

案的最小和最大迭代次数。范围为 0 到正无穷大。默认值为 0 和 8。

5．涟漪（Ripples）

确定纹理在 X、Y 和 Z 方向上的波纹。其值表示用来生成纹理的分形的频率范围。在 X、Y 和 Z 方向上，范围为 0 到正无穷大。默认值为 1。

6．软边（Soft Edges）

模拟自然界的云。当纹理所映射到的曲面远离摄影机时，逐渐增加纹理的透明度。如果"软边"处于禁用状态，则纹理完全不透明，看上去类似"分形"（Fractal）纹理。默认情况下，"软边"处于启用状态。

7．边阈值（Edge Thresh）、中心阈值（Center Thresh）

如果"中心阈值"低而"边阈值"高，则纹理类似一个密实的棉球。如果"中心阈值"高而"边阈值"低，则纹理类似一缕薄云。范围为负无穷大到正无穷大。默认情况下，"中心阈值"为 0，"边阈值"为 1。

8．透明范围（Transp Range）

纹理变透明的范围。该值控制云边缘的锐度／柔和度。有效范围为 0 到无穷大。滑块范围为 0（尖锐边缘）～ 1（非常柔和的边缘）。默认值为 0.5。

9．比率（Ratio）

控制用于生成"云"纹理的分形噪波的频率。范围为 0（低频率）到正无穷大（高频率）。默认值为 0.707。

3.4.4.3　凹陷（Crater）

通过混合法线干扰和 3D 干扰（例如，颜色或透明度），创建同时具备高原和凹陷特征的外观。"凹陷"纹理提供了一个三组件属性（"输出颜色 RGB"（Out Color RGB））和一个"法线"（Normal）输出（"输出法线 X"（Out Normal X）、"输出法线 Y"（Out Normal Y）和"输出法线 Z"（Out Normal Z））。

1．振动器（Shaker）

增加该值，从而将更多细节添加到默认振动器纹理中（仿佛此纹理已振动）。用作凹凸贴图时，

增加该值以提高凹陷和山谷的数量。

2．Channel1、Channel2、Channel3

颜色值等信息通过这三个通道进行传递。也可以使用三通道（RGB）映射为通道提供信息。

3．融化（Melt）

控制纹理中颜色间边的柔和度。增加该值，从而使颜色间的边界显示更平滑、更宽。

4．平衡（Balance）

控制三个振动（或干扰）颜色的比率。

5．频率（Frequency）

控制纹理颜色振动次数的频率。

6．法线选项（Normal Options）

（1）法线深度（Norm Depth）

控制纹理用作凹凸贴图时凹陷的深度。增加"法线深度"以加深凹陷。

（2）法线融化（Norm Melt）

控制纹理用作凹凸贴图时凹陷边的柔和度。增加"法线融化"，从而使边更为柔和。设置该纹理的动画可使凹陷的曲面看起来像在融化。

（3）法线平衡（Norm Balance）

控制纹理用作凹凸贴图时低法线干扰和高法线干扰之间的比率。

（4）法线频率（Norm Frequency）

"法线频率"控制纹理用作凹凸贴图时粗糙细节的数量。增加"法线频率"，从而使纹理更粗糙、细节更精细。减小该值，从而使粗糙度更粗粒。

3.4.4.4　皮革（Leather）

模拟皮革，也可以用于模拟材质，例如：各种皮纹或泡沫塑料（图 3-42）。

1．细胞颜色（Cell Color）、折痕颜色（Crease Color）

单个细胞的颜色（"细胞颜色"）和围绕细胞的颜色（"折痕颜色"）。

2．细胞大小（Cell Size）

单个细胞的大小。"细胞大小"值缩放整个纹理。有效范围是 0 到无限。滑块范围是 0 ～ 1。默认值为 0.5。

图 3-42　动画电影《飞屋环游记》中的皮革材质

图 3-43　《疯狂原始人》中模拟真实岩石纹理

3．密度（Density）

控制纹理中的细胞间距。有效范围是 0 到无限。滑块范围为 0 ~ 1（完全充满）。默认值为 1。

4．斑点化度（Spottyness）

随机化细胞颜色强度。范围为 0 到无穷大。滑块范围为 0 ~ 1。值为 0 时，所有细胞都具有相同的强度。值为 1 时，细胞强度是完全随机的。默认值为 0.1。"阈值"（Threshold）值也影响细胞颜色强度。

5．随机度（Randomness）

随机化细胞位置。有效范围为 0 到无穷大。滑块范围为 0 ~ 1。值为 0 时，细胞是在常规三维晶格中排列的。值为 1 时，细胞位置是完全随机的，默认值为 0.5。

6．阈值（Threshold）

控制细胞颜色和折痕颜色如何互相混合。有效范围是 0 到无限。滑块范围是 0 ~ 1（如果不发生混合，细胞显示为实体颜色点）。默认值为 0.83。

7．折痕（Creases）

创建皮革中类似于折痕的细胞之间的边界。如果禁用，细胞则会均匀地漫反射到彼此当中。

默认情况下，"折痕"处于启用状态。

3.4.4.5　岩石（Rock）

使用两种不同的颗粒材质类型的随机 3D 分布模拟岩石。将岩石纹理指定给材质的凹凸贴图，以获得较粗糙的模拟纹理，如图 3-43《疯狂原始人》中模拟真实岩石纹理。

1．颜色 1（Color1）、颜色 2（Color2）

纹理中两种颗粒的颜色。若要选择不同的颜色，请单击颜色栏以打开"颜色选择器"（Color Chooser）。

2．颗粒大小（Grain Size）

指定颗粒大小并缩放整个纹理。有效范围是 0 到无穷大。滑块范围是 0(无颗粒)到 0.1(大颗粒)。默认值为 0.01。

3．扩散（Diffusion）

控制混合到"颜色 2"中的"颜色 1"量。范围为 0 到无穷大。滑块范围是 0（无混合）到 1（平滑混合）。默认值为 1。

4．混合比（Mix Ratio）

确定主色。有效范围是 0 到无穷大。滑块范围是 0（"颜色 1"完全占主导）到 1（"颜色 2"完全占主导）。默认值为 0.5。

3.4.4.6　雪（Snow）

模拟表面上的雪。

1. 雪颜色（Snow Color）

曲面顶部的雪颜色。

2. 表面颜色（Surface Color）

雪所覆盖曲面的颜色。

3. 阈值（Threshold）

确定能够保持雪不脱落的最大坡度。该范围在 0（从水平起 90 度）～ 1（从水平起 0 度）之间。默认值为 0.5（从水平起 45 度）。

4. 深度衰退（Depth Decay）

雪颜色混合到曲面颜色的速率。取值范围在 0 ～ 10 之间。默认值为 5。

5. 厚度（Thickness）

雪的表观深度。"厚度"控制雪的不透明度（雪越厚，不透明度越高）。取值范围在 0（透明）～ 1（不透明）之间。默认值为 1。

3.4.4.7　木材（Wood）

通过投影 2D 图案模拟木材。该图案由通过纹理和填充定义的同心环形层组成。将"木材"纹理贴图到曲面时，曲面看起来就像是使用木材雕刻而成。当您将其贴图到多个曲面时，曲面看起来就像是使用单块木材雕刻而成的（图 3-45）。

1. 填充颜色（Filler Color）

纹理之间的间距的颜色。脉络颜色漫反射到填充颜色中。双击颜色条以从"颜色选择器"中选择不同的颜色。

2. 脉络颜色（Vein Color）

木材的脉络颜色。脉络颜色漫反射到填充颜色中。双击颜色条以从"颜色选择器"中选择不同的颜色。

3. 纹理扩散（Vein Spread）

漫反射到填充颜色中的脉络颜色数量。有效范围从 0 到无穷大。滑块范围为 0 ～ 3。默认值为 0.25。

4. 层大小（Layer Size）

每个层或环形的平均厚度。有效范围从 0 到无穷大。滑块范围为 0 ～ 0.5。默认值为

图 3-44　动画电影《冰河世纪》中冰雪材质

图 3-45　动画电影《神奇的旋转木马》中木材质

0.02。（各个层或环形的厚度也会受到"随机度"（Randomness）和"年龄"（Age）值的影响。）

5. 随机度（Randomness）

随机化各个层或环形的厚度。范围从 0 到 1。默认值为 0.5。

6. 年龄（Age）

木材的年龄（以年为单位）。该值确定纹理中的层或环形总数，并影响中间层和外层的相对厚度。有效范围从 0 到无穷大。滑块范围为 0 ～ 100。默认值为 20。

7. 颗粒颜色（Grain Color）

木材中的随机颗粒的颜色。

8. 颗粒对比度（Grain Contrast）

控制漫反射到周围木材颜色的"颗粒颜色"（Grain Color）量。范围为 0 ～ 1。默认值为 1。

9. 颗粒间距（Grain Spacing）

颗粒斑点之间的平均距离。范围为 0.002 ～

0.1。默认值为 0.01。

10. 中心（Center）

纹理的同心环中心在 U 和 V 方向的位置。范围为 −1 ～ 2。默认值为 0.5 和 −0.5（中心值范围 −3 ～ 3 之间）。

11. "噪波属性"（Noise Attributes）

"木材"（Wood）纹理可通过投影 2D 图案创建 3D 纹理。"噪波属性"可控制纹理在图案投影方向的随机化（使用分形噪波）。从以下项中选择：

12. 振幅 X（Amplitude X）、振幅 Y（Amplitude Y）

平均比例因子应用于纹理在 X 和 Y 方向的分形噪波中的所有值。有效范围从 0 到无穷大。范围为 0（无噪波）～ 1（强噪波）。默认值为 0.1。

13. 比率（Ratio）

控制分形噪波频率。范围为 0（低频率）～ 1（高频率）。默认值为 0.35。

14. 涟漪（Ripples）

确定纹理在 X、Y 和 Z 方向的波度。这些值表示用于生成纹理的分形频标。范围为 0 ～ 20。默认值为 1。

15. 深度（Depth）

用于计算纹理图案的最小和最大迭代数。该参数控制纹理的细颗粒程度。范围为 0 ～ 25。默认值为 0 和 20。

3.4.5　映射 2D/3D 纹理

前面在提到将 2D 或 3D 纹理映射到对象时，将纹理连接到了该对象的材质的一个属性。纹理基于对象的 UV 纹理坐标映射到几何体。除非使用一种方法将纹理显式连接到对象的材质的特定属性，否则纹理将连接到材质的默认属性（通常为颜色或透明度）。

3.4.5.1　使用 "Hypershade" 映射纹理

1. 在 "创建"（Create）栏中，从 "2D 纹理"（2D Textures）或 "3D 纹理"（3D Textures）中选择一个纹理。

2. 如果选择的是 "2D 纹理"，则在该纹理上

单击鼠标右键并选择一种映射方法（"创建纹理"（Create texture）（标准创建）、"创建为投影"（Create as projection）、"创建为蒙板"（Create as stencil））。

3.4.5.2　映射方法

映射方法确定纹理和表面之间的关系。

1. 法线映射（默认）

在映射 2D 纹理时，可以选择 Maya 用于将纹理应用于对象的映射技术：法线、投影或蒙板。映射技术确定纹理和表面之间的关系。默认情况下，纹理映射为法线贴图（图 3−46）。

纹理映射到表面的 UV 空间，并根据每个表面的 UV 参数化确定大小和定位。

法线 2D 纹理贴图的着色网络包括文件纹理节点和定义纹理的放置的 place2DTexture 节点（图 3−47）。

2. 投影映射

该映射技术通过 3D 空间投影纹理，就像一台幻灯片投影仪一样。

在创建投影的 2D 纹理时，它的行为类似于 3D 纹理（它具有高度、宽度和深度）。

投影 2D 纹理贴图的着色网络包括文件纹理节

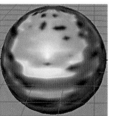

法线贴图　　　　投影贴图

图 3−46　贴图模式显示

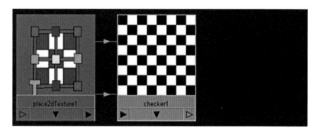

图 3−47　贴图节点显示

点和定义纹理的放置的投影节点。

3. 蒙板映射

通过该技术可以使用遮罩文件或颜色关键帧来移除纹理的一部分。如果标签不是方形，使用遮罩文件或通过对纹理设置颜色关键帧，将纹理作为蒙板投影以挖空标签。然后，使用纹理的"颜色平衡＞默认颜色"（Color Balance>Default Color）来设定或映射标签后面的颜色。

蒙板 2D 纹理贴图的着色网络包括纹理、定义遮罩的蒙板节点和两个 place2DTexture 节点：一个用于纹理，一个用于蒙板。

执行下列操作之一：

（1）按住鼠标中键将 2D 或 3D 纹理从"Hypershade"拖动到所需对象的材质。您可以将以上两种纹理中的任意一种直接拖动到"Hypershade"中的材质或拖动到场景视图中的对象。

纹理放置在默认位置中的对象上，放置节点显示在"Hypershade"中。

（2）在"属性编辑器"（Attribute Editor）中，单击要将纹理连接到的属性旁边的映射按钮。此时将显示"创建渲染节点"（Create Render Node）窗口。

3.5　材质分类实例

材质类型（也称为着色模型）是指定义曲面上的特定着色材质如何模拟对光的自然反应。不同的材质类型可以对应相应的材质属性，Blinn、Phong 和 Lambert 是 Maya 中可用的一些材质类型示例。其中，每种材质类型都基于定义它们的数学算法提供不同的特征，同样可以使用节点来更直观地在 Hypershade 中选择属性来操作。

以下依据材质的类别、使用性质分类介绍几个实例。

3.5.1　常用材质

3.5.1.1　金属材质

我们还是用节点的形式来创建材质球，依次创建（图 3-48）。

1. 创建 blinn＞命名 jishu_blinn

2. 创建 fractal＞命名 jishu_fractal

3. 创建 bump2d＞命名 jishu_bump2d

4. 创建 ramp＞命名 jishu_ramp

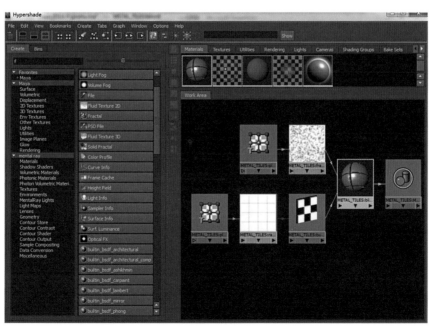

图 3-48　依次创建的节点

5.jishu_fracta 与 jishu_blinn（图 3—49）

6.bump2d 与 jishu_blinn（图 3—50）

7.ramp 与 bump2d（图 3—51）

8.ramp 与 place2dTexture3 属性（图 3—52）

9.jishu_fractal（图 3—53）

完成金属效果，如图 3—54。

3.5.1.2 玻璃材质

以下以制作一个简单的玻璃材质效果来演示制作流程（图 3—55）

1. 创建 Blinn 节点，两个 ramp 节点：ramp1 和 ramp2；两个 samplerInfo 节点：samplerInfo1 和 samplerInfo2；一个 envChrome1 节点。

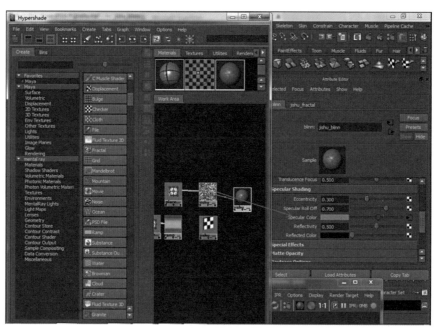

图 3—49

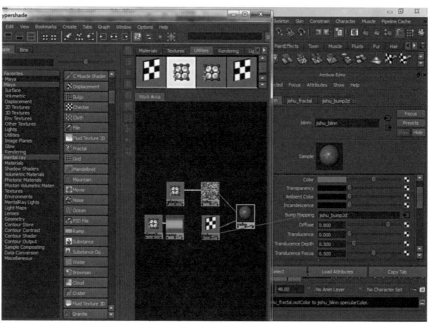

图 3—50

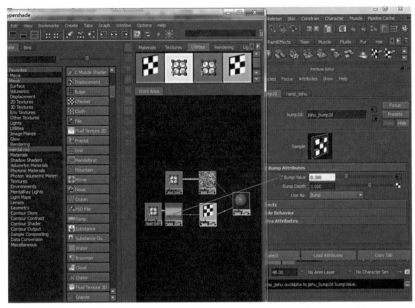

图 3-51

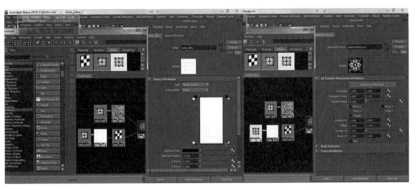

图 3-52

图 3-53

2. 打开每个节点的属性

（1）打开 blinn1 属性，参数如图 3—56。

（2）ramp1 属性，参数如图 3—57。Ramp2 同理（图 3—58）。

（3）envChrome1 属性如图 3—59。

3. 属性调整好，下面链接这几个属性。

（1）samplerInfo1 与 ramp1 属性进行链接。

（2）samplerInfo2 与 ramp2 属性进行链接，如图 3—60。

4. envChrome1，ramp1，ramp2 与 blinn1 连接，如图 3—61。

5. 材质完成效果，如图 3—62。

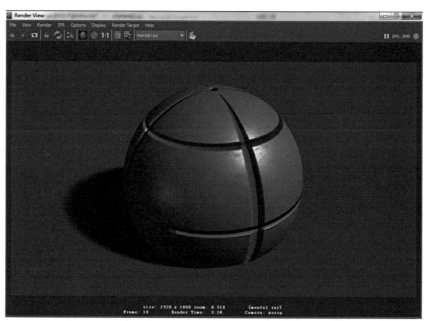

图 3—54

图 3—55

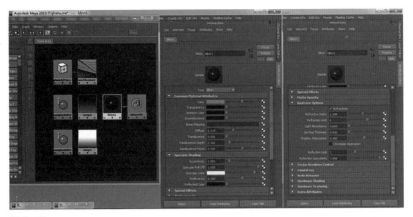

图 3-56

图 3-57

图 3-58

图 3-59

图 3-60

3.5.1.3　卡通材质

卡通材质的创建有两种方式，一是用卡通材质模块创建，比较直观（图 3-63），或是在卡通模块中直接有卡通示例中的材质可以导入参考效果（图 3-64），在 Hypershade 中查看；二是用普通的材质节点来创建卡通效果。

1. 依 次 创 建 surfaceShader、condition、samplerInfo、ramp、surfaceLuminance 节点，如图 3-65。

2.condition 与 surfaceShader，如图 3-66。

3.ramp 与 condition，如图 3-67。

4.surfaceLuminance 与 ramp，如图 3-68。

5.samplerInfo 与 ramp，如图 3-69。

6.ramp 属性，如图 3-70。

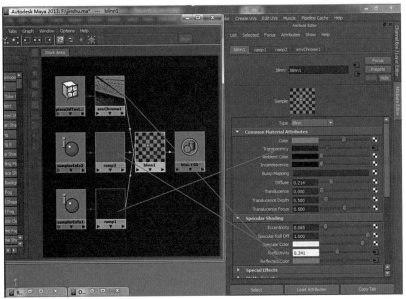

图 3-61

图 3-62

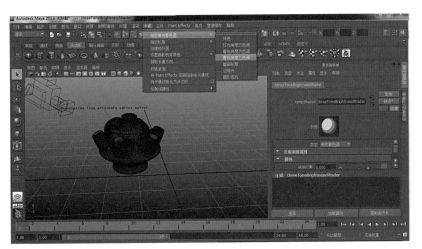

图 3-63　卡通材质选项

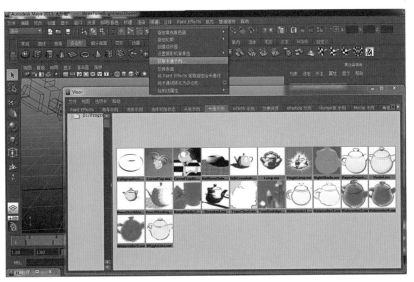

图 3-64　卡通材质效果库

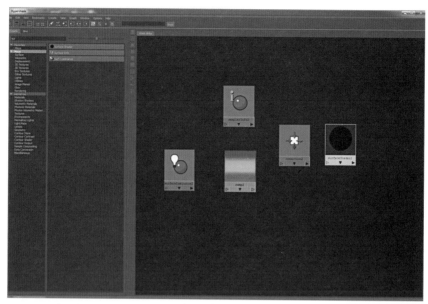

图 3-65　卡通材质节点

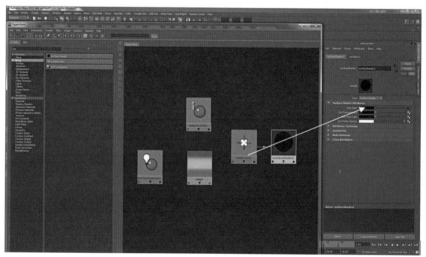

图 3-66

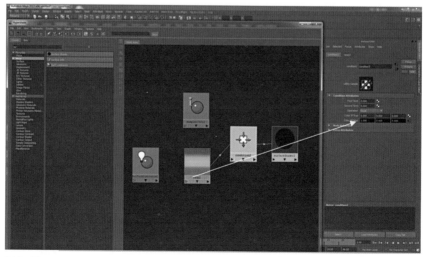

图 3-67

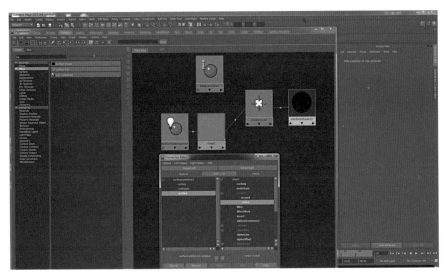

图 3-68

图 3-69

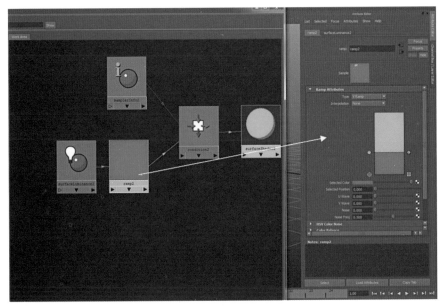

图 3-70

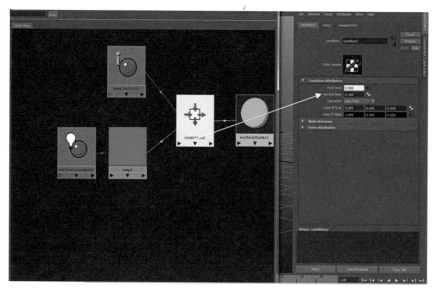

图 3-71

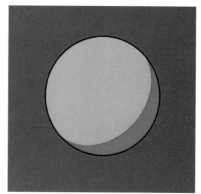

图 3-72

7.surfaceLuminance 属性，如图 3-71。
最终可以得到如图 3-72 的材质球。

3.6 三维动画的材质制作

3.6.1 材质制作概述

材质的制作在 Maya 中是以"材质树"的形式呈现出来的，当调节材质属性的时候，每个参数都相当于一个节点，无意中将材质的属性之间建立了联系，也可以说是以节点的操作方式连接属性页属性之间的变量（图 3-73）。

3.6.1.1 "材质树"的概念

1. 材质最初以一种简单的形式出现，而后通过分支变得复杂。分支的最顶端（树干）是材质的基础，也即材质贴图类型。

2. 标准材质具有 11 个贴图通道（Map 通道），但不具有材质通道。Matte/Shadow 材质是唯一真正的"终点"，它不提供任何通道来分支。

3. 典型的材质参数包含颜色、取值、角度和距离。几乎每个参数在 Track View 视窗中都有一条轨迹，而且可以设置成动画。

4. 一些材质类型（例如多重／次对象、顶／

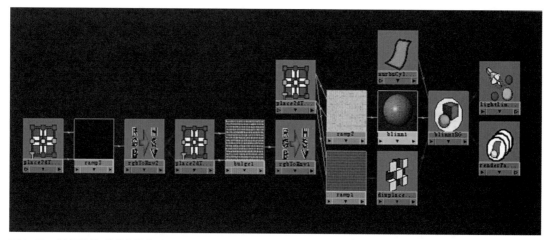

图 3-73 "材质树"的节点操作图

底材质、双面材质和混合材质），仅有材质通道而无贴图通道。

3.6.1.2　创建材质

首先创建材质使用以下方法之一：

1. 在"超级图表（Hypershade）"中创建材质：

在"Hypershade"上单击鼠标右键，然后从弹出菜单中选择材质"创建 > 材质"（Create>Materials）。

2. 从菜单栏中的"创建"（Create）菜单中选择材质：

在"创建栏"（Create Bar）中，使用鼠标中键将材质样例拖到"Hypershade"中。从创建渲染节点窗口选择材质。

打开创建渲染节点（Create Render Node）窗口执行下列操作之一：

1. 在"属性编辑器"（Attribute Editor）中，单击属性旁边的贴图按钮 ▣。

2. 在"Hypershade"中，选择创建 > 创建渲染节点。

创建完成后，单击要赋予材质的物体，然后在超级图表（Hypershade）中点击需要的材质右键指定给物体即可。

3.6.2　UV 贴图制作

什么是贴图？所谓的贴图就是在现有材质的基础上再指定一些图像，以达到模拟真实物体的目的。

材质与贴图的区别：它们并不是一个概念，材质反映的是物体表面的颜色、反光度、透明度等基本特性，而使用贴图的目的是为了反映物体表面千变万化的纹理效果。

UVs 是驻留在多边形网格顶点上的两维纹理坐标点，它们定义了一个两维纹理坐标系统，称为 UV 纹理空间，这个空间用 U 和 V 两个字母定义坐标轴。用于确定如何将一个纹理图像放置在三维的模型表面。

实质上，UVs 是提供了一种模型表面与纹理图像之间的连接关系，UVs 负责确定纹理图像上的一个点（像素）应该放置在模型表面的哪一个顶点上，由此可将整个纹理都铺盖到模型上。如果没有 UVs，多边形网格将不能被渲染出纹理。

通常在创建 Maya 原始对象时，UVs 一般都被自动创建（在创建参数面板上有一个 CreateUVs 选项，默认是勾选的），但大部分情况下还是需要重新安排 UVs，因为，在编辑修改模型时，UVs 不会自动更新改变位置。

重新安排 UVs，一般是在模型完全做好之后，并且在指定纹理贴图之前进行。此外，任何对模型的修改都可能会造成模型顶点与 UVs 的错位，从而使纹理贴图出现错误。

简单的 UV 可以在 Maya 中完成，如需要更快捷、更复杂的展平 UV 可以使用第三方插件或是独立的展 UV 工具，如 UV Layout、Unfold3D 等。

3.6.2.1　UV 贴图类型

贴图坐标在 Maya 中有四种基本类型，很多模型大多比较复杂，不是简单的几何体，需要对这些模型制作合适的贴图坐标。

多边形贴图坐标四种类型为：平面贴图坐标（Planar Mapping）、圆柱体贴图坐标（Cylindrical Mapping）、球体贴图坐标（Spherical Mapping）、自动贴图坐标（Automatic Mapping）（图 3–74）。

1. 平面贴图坐标（Planar Mapping）

它是一种平面的方式，将贴图纹理投射到模型上。它的投射类似于投影机将影像投射在幕布上一样，因此它基本都是运用在平面或类似于平面的物体，但其他物体也可以配合 Alpha 通道进行使用。比如眼球的贴图方式就是讲眼珠以平面

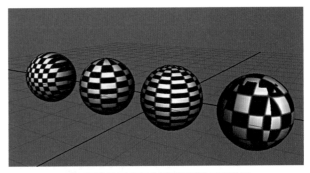

图 3–74　四种不同的贴图坐标分别赋予球体后的效果

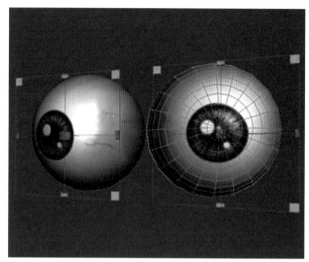

图 3-75 眼球贴图

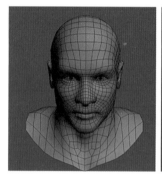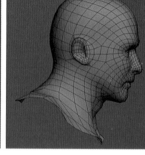

图 3-76 角色面部贴图

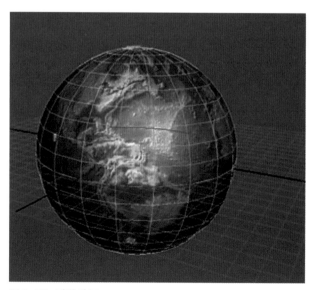

图 3-77 球体贴图

坐标投射在球体表面（图 3-75）。

2. 圆柱体贴图坐标（Cylindrical Mapping）

它是将物体以圆柱形的方式"包裹"起来的一种贴图坐标，很适合用于近似圆柱体的模型上。圆柱体贴图坐标最常使用在角色头部贴图坐标的制作上，大多角色的头部甚至是肢体都是用它来实现（图 3-76）。

3. 球体贴图坐标（Spherical Mapping）

这是一种以球体的方式将物体包裹起来，并将纹理图案垂直投射到物体表面的贴图方式。最大的优点就是几乎没有死角，适用于球体或类似球体的模型（图 3-77）。

4. 自动贴图坐标（Automatic Mapping）

这是一个由系统随机生成的贴图坐标，它的特点为自动生成性和不规则性。它的主要作用不是给物体以合适的贴图坐标，而是将物体的投影方式分成需要的若干块，以便在下一步贴图坐标编辑器（UV Texture Editor）中进行整合整理，由于系统随机产生相对比较杂乱，使用频率不高。

3.6.2.2　UV 贴图坐标

一般来说，将贴图赋予模型之后，系统会根据物体自动默认一个贴图坐标。这是理论上的描述，往往适用于简单的模型，当有高精度模型需要精准定位时就需要单独设置贴图坐标。

创建贴图坐标：执行 Create UVs（创建 UV 坐标）＞选择贴图坐标类型。创建成功后，环绕模型出现了一些控制点，同时还有一个控制器，这时贴图已经贴到了模型上，可以利用控制点和控制器调节贴图坐标。

3.6.2.3　UV 贴图展平

展 UV 是很废工时和耗精力的工作，却有着十分重要的意义，是贴图绘制的基础。UV 展不好的话，材质附到模型上就容易出现分布不平均的现象。方格图就在 UV 的选项里，很容易就能找到，展的时候先把所有点平铺开，然后把与模型面所对应的 UV 点进行调整，展到自己觉得满意为止，需要仔细观察和细致比对进行操作。

展平之后，使用贴图坐标编辑器（UV Texture

Editor）进行编辑整合贴图。

当用 2D 贴图使用材质时，对对象来说，包含 UVs Mapping 信息是很重要的。这些信息告诉 Maya 如何在对象上设计 2D 贴图。一些对象，不会自动应用一张完整的 UVs 贴图坐标，这时可以应用一个贴图坐标编辑器（UV Texture Editor）来为其整理一张贴图坐标。所有的对象都具有默认的贴图坐标，但是如果应用了 Boolean 操作，或在为材质使用 2D Map 贴图之前对象已经塌陷成可编辑的网格，那么就可能丢失贴图坐标。

贴图坐标编辑器（UV Texture Editor）用来控制对象的 UVs 贴图坐标，其 Parameters 卷展栏，它提供了调整贴图坐标类型、贴图大小、贴图的重复次数、贴图通道设置和贴图的对齐设置等功能。

一般如果是作为展 UV 时的参考图（图 3-78），在展 UV 时，给模型贴上，可以在三维空间内观察。

传统习惯是用棋盘格子图，但带颜色和数字标识的图，不仅可以看到 UV 是否被拉伸，也容易看到 UV 的方向与连接关系。

以下继续以《大兵》为例子来讲解，UV 展平完成后就可以在 Photoshop、Pinter 等软件中按照贴图坐标绘制贴图了，绘制好后存到相应的文件夹，以覆盖之前的只有坐标的空贴图（图 3-79）。

低模建好后将低模 UV 展开。在这里把身上的挂件单独展成一张贴图，鞋子展成一张，上衣下衣一张，头部一张，武器一张。目的是为了后期调整方便。在这里把挂件和武器 UV 图放上去以便加深理解。

笔者一般展复杂的模型会用 Unfold3D（笔者认为简单模型用 MAX 展起来会更快，因为它省略了导入导出步骤，复杂的机械类物体可以用 Unfold3D）。

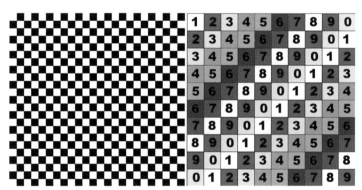

图 3-78　贴图坐标参照图

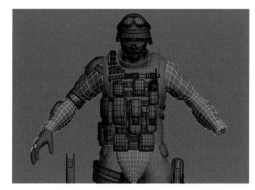

图 3-79　根据需要将模型切分

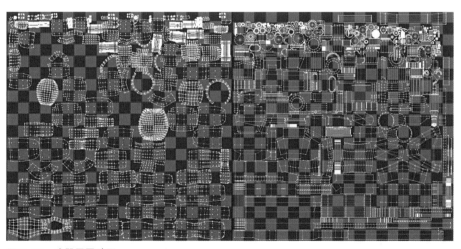

图 3-80　武器展平贴图

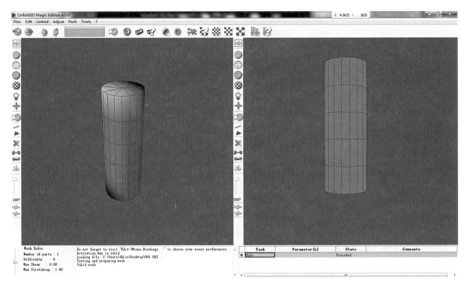

图 3-81

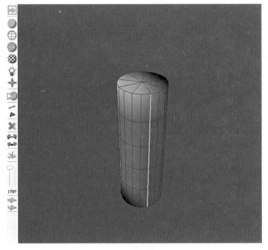

图 3-82

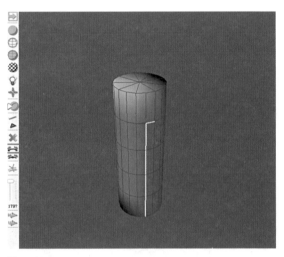

图 3-83

首先打开Unfold3D,点击Files导入OBJ模型,鼠标左键是平移物体,右键是旋转,中键是放大缩小(图3-81)。

按住 Shift 加鼠标左键是来划分模型 UV(图3-82)。

选择 ⬚ 按住 ALT,它会根据鼠标来快速选择模型上面的线,点击左键可以让线变成蓝色激活状态(图3-83)。

选择 ⬚ 按住鼠标左键,它会根据鼠标位置来快速选择,而不需要一根一根地选择,如图3-84。

当把模型选择好后点击 ⬚ 确定 UV 的划分,再点击 ⬚ 来抛开模型,如图3-85。

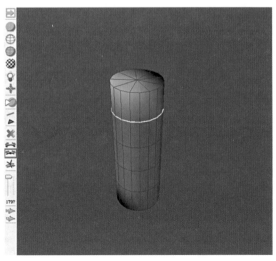

图 3-84

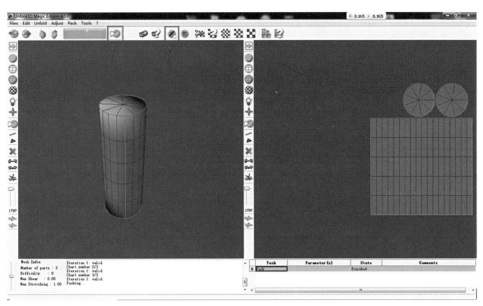

图 3-85

图 3-86　原创作品《50、80》中的奖章贴图材质

UV 分好后就开始进行 diffuser 的绘制。

可以根据需要将贴图内容放置在导出的贴图坐标中，完成材质制作。当然在渲染时可以根据需要，制作多种效果的材质进行合成（图 3-86、图 3-87）。

图 3-87　原创动画短片《50、80》中的奖章

第4章 三维动画的渲染

渲染是三维动画图像生成过程的最后阶段。本书中所指的渲染并非单指最后的单一步骤，而是泛指从灯光开始直到之后图像单帧或是图像序列渲染结束的过程。

在最终渲染之前，反复测试渲染效果，可以使用预览工具。根据前期分镜稿构建场景（包括对模型进行上色和纹理贴图制作、场景布光、布置摄影机机位等），在生成最终渲染的图像或图像序列之前需要多次进行可视化测试场景，该过程可能会涉及图像效果预览、动作设计的检查和摄影机机位的运动（图4-1）。

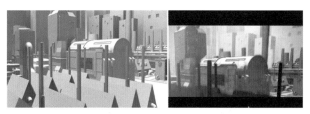

图4-1 原创动画《50、80》测试场景与渲染试验场景

可视化预览测试的目的是在渲染完成的前期，检查场景模型并对图像画面有缺陷的地方进行修改，减少在最终渲染时所用的时间，避免因为前期制作问题导致最终渲染序列的不可用。

如果对测试渲染期间生成的场景画面效果感到满意，就可以进行最终渲染了。可以在Maya中对单帧画面、部分动作镜头（多帧）或整个动画执行可视化操作和最终渲染（图4-2）。

渲染效率的关键在于所需的可视复杂程度与确定在给定时间段内可以渲染帧数速度之间找到平衡。

三维渲染涉及许多复杂的计算，可能会使计算机CPU在较长时间内处于高功率状态。渲染过程从Maya内每个模块中提取数据并组合在一起，然后解析场景本身的模型、照明、贴图、粒子、摄影机和运动等相关的数据。图像的渲染速度在渲染模块会受图像质量、图像尺寸等因素影

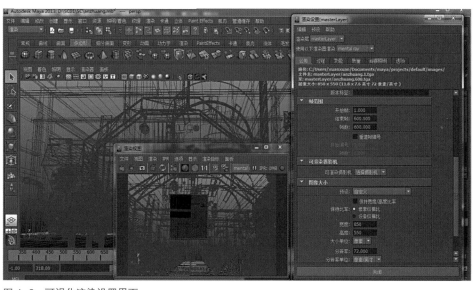

图4-2 可视化渲染设置界面

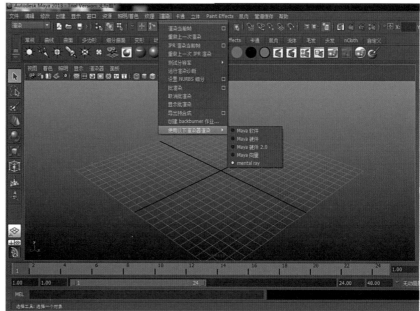

图 4-3　Autodesk 公司（欧特克）在加利福尼亚长滩市举办的 2013 年度 TED 大会上首次展示了其灵感源自折纸工艺的全新品牌标识。此次品牌标识的改变是欧特克成立 30 年来最重大的品牌发展事件

图 4-4　选择渲染器

响，这是主要因素。细节方面如抗锯齿、灯光属性的使用等也是增加渲染时长的因素之一。

高质量的图像通常需要花费的渲染时间也较长。高效方法的关键是能在尽可能少的时间内生成质量足够好的图像，以便满足最终的生产期限。换句话说，如果只选择最经济的选项值，则只能生成特定项目可以接受的图像质量。

本书选择 Autodesk Maya[①] 作为示范软件，Maya 是动画创作者得力的制作工具，掌握了 Maya，会极大地提高制作效率和品质，调节出仿真的角色动画，渲染出电影一般的真实效果，向世界顶级动画师的目标迈进（图 4-3）。

Maya 集成了 Alias、Wavefront 最先进的动画及数字效果技术。它不仅包括一般三维和视觉效果制作的功能，而且还与最先进的建模、数字化布料模拟、毛发渲染、运动匹配技术相结合。Maya 可在 Windows NT 与 SGI IRIX 操作系统上运行。目前市场上用来进行数字和三维动画制

作的工具中，Maya 是首选解决方案。

4.1　动画渲染引擎介绍

渲染器的类型可以分为硬件渲染、软件渲染和向量渲染（图 4-4）。

4.1.1　软件渲染

软件渲染是应用最普遍的渲染方式，可生成最优质的图像，从而达到最精细的效果。与硬件渲染相反，软件渲染主要耗费 CPU 的资源进行计算。在硬件渲染中，主要依赖于计算机的显卡计算。由于软件渲染不受计算机显卡的限制，能发挥计算机 CPU 的优势，尤其是多核 CPU 的普及，因此，它通常更加灵活。但是，软件渲染也存在弊端，它通常需要更长的时间。确切地说，可以渲染的内容取决于使用的软件渲染器及其特定限制。

Maya 软件渲染器是一款高级的多线程渲染器。它是一种直接构建在 Maya 的依存关系图架构内的渲染技术，这意味着其功能节点可以和 Maya 中其他任何功能紧密地连接。它为渲染师提供出色的通用渲染解决方案，Maya 除了自带渲染

---

① Autodesk Maya 是美国 Autodesk 公司出品的世界顶级的三维动画软件，应用对象是专业的影视广告，角色动画，电影特技等。Maya 功能完善，工作灵活，易学易用，制作效率极高，渲染真实感极强，是电影级别的高端制作软件。

器，还支持其他插件渲染引擎，所以软件渲染具有非常大的选择空间。

Maya 软件渲染器是一种混合渲染器，具有真实的光线跟踪以及扫描行渲染器的速度优势。Maya 软件渲染器不仅速度快，而且在原始速度下有利于提高质量和扩大容量宽度。

Maya 软件渲染器支持 Maya 内能找到的所有不同实体类型，包括粒子、各种几何体和绘制效果（作为渲染后处理）以及流体效果。它还具有强大的 API，用于添加客户编程的效果。

Maya 软件渲染器具有 IPR 功能（交互式照片真实渲染），这一工具允许对最终渲染图像进行交互调整，它可大大提高渲染效率。最重要的是，Maya 的集成架构的性质允许复杂的互连情况，例如管理粒子发射的程序纹理和渐变，和其他能够生成绝佳视觉效果的无法预测的关系。

MAYA 四大渲染器

以下针对 Maya 的渲染器使用情况，选取四个通用性较好、接口比较方便的渲染引擎进行介绍。

1.Mental Ray（简称 MR）

Mental Ray 是 Maya 中早期使用的两个重量级的渲染器之一（另外一个是 Renderman），为德国 Mental Images 公司的产品。在刚推出的时候，被集成在著名的 3D 动画软件 Softima-ge3D 中，作为其内置的渲染引擎。正是凭借着 Mental Ray 高效的速度和质量，Maya 一直是好莱坞特效制作中的首选软件。

Mental Ray 是一个专业的 3D 渲染引擎，它可以生成令人难以置信的、高质量的、真实感的图像。如今可以在 3D Studio 的高性能网络渲染中直接控制 Mental Ray。它在电影领域得到了广泛的应用，被认为是市场上最高级的三维渲染解决方案之一。

Mental Ray 是一个将光线追踪算法推向极致的产品，利用这一渲染器，我们可以实现反射、折射、焦散、全局光照明等其他渲染器很难实现的效果。BBC 的著名全动画科教节目《与恐龙同行》就是用 Mental Ray 渲染的，逼真地实现了那些神话般的远古生物（图 4-5）。

对于 Maya 用户来说，Mental Ray 带来了革命性的变化。从电影特效技术人员、网络工作者、建筑游历动画制作者到平面动画艺术家等，各个层次的用户都可以借助最强大的软件渲染工具，提升自己的创作品质。Maya 的启动 LOGO 图片，就是 Alias 特邀艺术家用 Mental Ray 渲染完成的（图 4-6）。

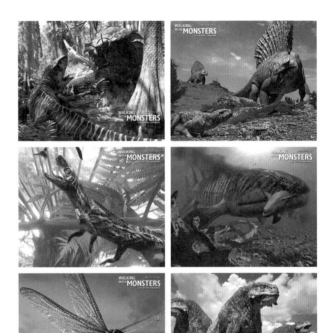

图 4-5　BBC《与恐龙同行》

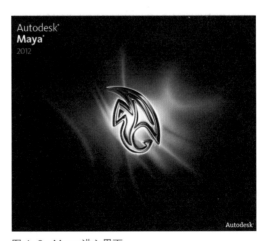

图 4-6　Maya 进入界面

Mental Ray 不仅能生成接近真实世界的图片，也能用于抽象艺术和手绘外观的创作。1994 年完成的《Asterix in America》就是一部用 Mental Ray 完成的 2D 手绘风格的动画片（图 4-7）。从某种意义上说，Mental Ray 所能渲染的风格，更多地取决于用户对图形算法的掌握和无限的想象力。升级到 3.3 版本以后，Mental Ray 甚至可以用 NVIDIA、ATI、3Dlabs、Matrox、SGI、Sun 等品牌的显示卡，使用 OpenGL 或 DirectX 加速方式，进行高速地硬件渲染（其中也包括利用 NVIDIA 可编程语言 Cg）。

但是 Mental Ray 的核心能力来自 Shader。Shader 是一类特殊的函数。传统的说法，Shader 是被用来确定物体表面的色彩和照明的（这一过程叫 Shading 着色），但是 Mental Ray 将这一概念扩展到实际中所有与渲染有关的可编程序及可定制的方面。用户可以编写自定义的 Shader，来扩展 Mental Ray 的功能。

Mental Ray 一直都是 Maya 集成的首选渲染器，Mental Ray 已被整合至多款 Autodesk 软体（例如 Autodesk Maya、Autodesk 3ds Max、Revit 和 Autodesk ImageStudio 软体）之中，Mental Ray 从 Maya5.0 版本以后被内置在 Maya 里。2005 年 Alias 公司被 Autodesk 公司并购，3ds Max7.0 出现，已把 Mental Ray 集成在中，完成与 3ds Max 合并，无需另外安装。同时 Autodesk 推出独立版本，该版本最适合处理大量资料。它可以通过命令使界面独立于 3D 软件运行，也可以与 Autodesk 软件一起作为分散式彩现解决方案的基础。具体选择由用户决定。

Mental Ray 的光线追踪算法无与伦比，优化效果非常好。即使不使用其新功能也可以用它来代替 Maya 默认的渲染器。在渲染大量反射、折射物体的场景，速度要比默认渲染器快 30%。它在置换贴和运动模糊的运算速度上也远远快于默认渲染器。而这些恰恰是 Maya 的弱项。

相对于另外一个高质量的渲染器 Renderman 来说，Mental Ray 的渲染效果几乎与之不相上下，

图 4-7　动画电影《Asterix in America》

图 4-8　渲染农场机柜阵列

而且其操作比 RenderMan 简单得多，效率非常高。因为 RenderMan 渲染系统需要使用编程的技术来渲染场景，而 Mental Ray 一般来说只需要在程序中设定好参数，然后"智能"地对需要渲染的场景自动计算。所以，Mental Ray 有了一个别名——"智能"渲染器。

Mental Ray 虽然渲染质量高，但速度还是相对有些慢，批量输出适合选用网络联机渲染或是"渲染农场"[1]（图 4-8）。

---

① 　渲染农场（Renderfarm）其实是一种亲切形象的叫法，实际上应该称其为"分布式并行集群计算系统"，这是一种利用现成的 CPU、以太网和操作系统构建的超级计算机，它使用主流的商业计算机硬件设备达到或接近超级计算机的计算能力，使渲染效率成倍提高。

2. RenderMan

RenderMan 渲染器对于多数人来说较为陌生，但说起利用它制作的影片，却广为人们熟知：《哈利·波特》系列、《纳尼亚传奇：狮子·女巫·魔衣橱》、《神奇四侠》、《绿巨人》、《X 战警》系列等都是出自 RenderMan 逼真的效果。Pixar 工作室更是将其视为御用的渲染引擎。

Pixar RenderMan 是电影工业界的标准图形综合化（合成）软件。RenderMan 是美国 Pixar 工作室在 20 世纪 90 年代推出的产品，它以快速、强大、可变设置和可编程赢得此名声，在国外经过多年的应用，许多大的动画公司都采用它作为特效电影渲染工具，如迪士尼动画公司、华纳影业公司。

RenderMan 是电影业渲染的老大。以前主要是控制台操作，基本无图形界面。最新的版本里已经有了图形界面，但是好莱坞的高手们似乎都还是继续使用控制台操作，纯字符操作，这样的控制性更强（图 4-9）。

RenderMan 是一套基于著名的 REYES 渲染引擎而开发的计算机图像渲染规范，所有符合这个规范的渲染器都称为 RenderMan 兼容渲染器。这其中最著名的有 3Delight 和 Pixar 工作室的 Photorealistic RenderMan，同时在业界还有一些其他的免费版开源的 RenderMan 兼容渲染器。

RenderMan 渲染器以其高超的渲染质量和极其快速的渲染能力而被广泛应用在高端运动影像的生产制作过程中，在当今的动画电影和影视特效等高端领域，RenderMan 渲染器是必不可少的一个渲染解决方案（另一个高端解决方案是 MentalRay 渲染器），世界上许多著名制作公司如工业光魔公司（ILM）、索尼影视娱乐、Sony Picture Entertainment（SPE）等都使用它作为电脑特效渲染的最终解决方案之一。

Pixar 工作室的 RenderMan 拥有卓越的内存管理模式，这意味着渲染器可以处理巨量的几何图形、纹理贴图、着色器和任何其他元素。高效管理和渲染大量数据，表明 RenderMan 能创建无比精细和美妙的图像。

Pixar 工作室的 RenderMan 具有创建视角效果的高级功能，而且 Pixar 本身作为一家影视动画制作公司，其核心渲染技术已经在过去许多苛刻的 3D 制作中得到充分验证。

目前，最普及的 RenderMan 是 3Delight。因为 3Delight 的开放性和用户口群的庞大，3Delight 已经成为 RenderMan 电影级别渲染器的主流（图 4-10）。

国内的 Maya 使用者大多数使用 MentalRay，而使用 RenderMan 的用户很少，国外使用 RenderMan 的人居多。这两个渲染器的入门难

图 4-9　RenderMan 标识

图 4-10　Pixar 工作室作品

度相当，RenderMan for Maya 的版本，用起来跟 Maya 里的 MentalRay 一样方便。由于使用环境的限制，RenderMan 中文教程资料极少，使用者也相对较少，交流不方便，所以还是学 MentalRay 要相对容易。

至于深入学渲染器，如着色语言，RenderMan 的 RSL 较之 MentalRay 的着色语言要容易。从渲染速度上来看，MentalRay 渲染光线追踪一类的效果速度快、质量好。RenderMan 渲染置换、运动模糊、毛发、景深等速度很快。

3.VRay（简称 VR）

VRay 是由著名的 3DS MAX 的插件提供商 Chaos group 推出的一款较小、但功能却十分强大的渲染器插件。VRay 是目前最优秀、使用最广泛的渲染插件之一，尤其在室内外效果图制作中，VRay 几乎可以称得上是速度最快、渲染效果突出的首选渲染引擎。随着 VRay 的不断升级和完善，在越来越多的效果图实例中向人们证实了自己强大的功能。

基于 VRay 内核开发的有 VRay for 3dsmax、Maya、Sketchup、Rhino 等诸多版本，为不同领域的优秀三维建模软件提供了高质量的图片和动画渲染。

VRay 相对其他渲染器来说是"业余级"的，这是因为其软件编程人员都是来自东欧的 CG 爱好者，而不像别的渲染器那样有雄厚实力的大公司支撑。但经过实践表明，VRay 的渲染效果丝毫不逊色于其他大公司所推出的渲染器（图 4-11）。

VRay 渲染器提供了一种特殊的材质——VrayMtl。在场景中使用该材质能够获得更加准确的物理照明（光能分布），更快的渲染，反射和折射参数调节更方便。使用 VrayMtl，用户可以应用不同的纹理贴图，控制其反射和折射，增加凹凸贴图和置换贴图，强制直接全局照明计算，选择用于材质的 BRDF。

实际上 VR 得以迅速推广的最大优势得益于它的渲染速度和易学习性，因为其参数调节相对简单，所以很多无基础的学习者会将他作为首选。

4.Brazil

2001 年，一个名不见经传的小公司 SplutterFish 在其网站发布了 3DS MAX 的渲染插件 Brazil，在公开测试版的时候，该渲染器完全免费。作为一个免费的渲染插件来，其渲染效果非常惊人，但目前的渲染速度相对较慢。Brazil 渲染器拥有强大的光线跟踪的折射和反射、全局光照、散焦等功能，渲染效果极其强大。

SplutterFish 公司推出的 Brazil 渲染器虽然名气不大，其前身却是大名鼎鼎的 Ghost 渲染器，经过多年的开发，目前已经非常成熟。

Brazil 精细的质量是以非常慢的速度为代价的，用 Brazil 渲染图片可以说是非常慢的过程。以目前计算机来说，用于渲染动画还不太现实，更多的使用者用它来渲染 CG。Brazil 是一个极富魅力的 MAX 渲染器，很多人都在使用它的光能传递效果，笔者却看好它的 Raytrace 光线跟踪的计算速度和效果，对于广告和片头的制作，光能传递的用处不大，而高速和亮丽的反射折射效果是最重要的。在这一点上，Softimage 3D 和 Xsi 一直凭借 Mentalray 渲染器独占鳌头，虽然 Mentalray 也给 MAX 做了插件接口，但功能移植很不完善，而且对 MAX 本身的功能支持也不好。经过简单的测试，发现 Brazil 的 Raytrace 的确是高品质和高速度的渲染引擎，渲染速度仅次于 Xsi 的 Mentalray，效果非常好，足够满足 MAX 使用者制作更专业的广告和片头效果。对比 MAX 本身的 Raytrace，Brazil 的反射渲染效果要更细腻，

图 4-11 工业、建筑渲染依然是 VR 的强项

不容易把高光暴掉，所保留的层次非常好，而且速度也更快。如果是玻璃的折射，Brazil 的渲染速度比 MAX 本身的快出几十倍，这是最重要的，其效果比 MAX 的效果更真实，还能加入光的物理色散效果。

Displacement 置换贴图的渲染速度也非常快。结论是 Brazil 已经可以和 Mentalray 的渲染质感和速度相抗衡。

Brazil 是一款让人又爱又恨的渲染器，因为它的质量高、速度慢。如果是用来做动画或角色、室内设计等，用户大多无法接受其过慢的速度，但若将之用于产品渲染更易普及，因为产品本身容量不算大，最重要是产品渲染需要强调材质感、高反锯齿等。

在 SIGGRAPH [①] 2005 年第 32 届国际计算机图形图像交流大会上，高端 3D 渲染软件供应商 SplutterFish LLC 将与 Orphanage 及包括 Autodesk、McNeel & Assoc 和 Archvision 等在内的领先的软件制造商在大会的展台上开展合作。SplutterFish 团队将主要展示他们最新版本的 Brazil 渲染器 2.0（图 4-12）。

这个最新发行的渲染软件展现给用户的全新特征包括：3D Motion Blur、渲染时间置换、3DS MAX 肌理渲染支持、加强的 GI 特征如渲染隐蔽处（发光处、区域高光、表层下的散射等）、加强的核心性能（存储器、CPU 等）及许多其他内容。Brazil 渲染器 2.0 的目标是成为最易操纵的高性能渲染器，保持高质量、高产量，以及成为以艺术为中心的顶级 CG 专业人士之选。Brazil 渲染器 2.0 针对 3DS MAX，VIZ 和 Rhinoceros 的

① SIGGRAPH 是由 ACM SIGGRAPH（美国计算机协会计算机图形专业组）组织的计算机图形学顶级年度会议。第一届 SIGGRAPH 会议于 1974 年召开。该会议有上万名计算机从业者参加，最近一次即 SIGGRAPH 2012 在洛杉矶举行。过去的 SIGGRAPH 曾经在达拉斯、波士顿、西雅图、新奥尔良、圣地亚哥和美国的其他地点举办。SIGGRAPH 2011 于 2011 年在温哥华举行，这是 SIGGRAPH 首次在美国以外的城市举行。
每年 7 月的 SIGGRAPH 是世界上影响最广、规模最大，同时也是最权威的一个集科学、艺术、商业于一身的 CG 展示、学术研讨会。历年大会都有丰富的成果展示，比如现在很流行的像素、图层、顶点等概念，最初大都是在 Siggraph 上发表的学术报告。

图 4-12 SIGGRAPH 2013 阿纳海姆，为了庆祝 SIGGRAPH 征集活动第 40 年，2013 年 7 月 21-25 日在阿纳海姆来展示有关计算机图形设计和交互技术的独特创造能力

版本将在今后推出。

Brazil for Maya 也是相对小众的渲染平台，同 RenderMan 一样存在资源缺乏问题，限制了使用范围。

SplutterFish 及其开发合作商——领先的 VFX 工作室 Orphanage 的代表，将展示他们的合作成果——Brazil 渲染器在 Alias' Maya 上运用的技术。

4.1.2 硬件渲染

Maya 的硬件渲染器可提供无缝集成的渲染解决方法，利用新一代显卡不断提高的性能来进行图形渲染。

硬件渲染是使用计算机的显卡以及安装在计算机中的驱动者将图像渲染到磁盘。通常，硬件渲染比软件渲染的速度更快，但其生成的图像质量不如软件渲染。但是，在某些情况下，硬件渲染也可以生成满足影视级播放的要求。

从表 4-1 可以看出，硬件渲染器使用 Maya 的现有界面和工作流指定着色器、纹理、粒子、灯光链接等。但受到一些限制，无法生成某些最精致的效果，例如，某些高级阴影、反射和后期处理效果。若要生成这类效果，必须使用软件渲染。

如果显卡达不到硬件渲染的要求（这会影响场景视图中的显示效果，如卡通着色），则 Maya 会显示一条警告消息。在这种情况下，场景视图中的着色就是使用非优质渲染或者未使用硬件渲染器而生成的结果。

硬件渲染器的限制　　　　表 4-1

模块	限制项目
建模	不支持细分曲面
灯光	最多支持 8 个灯光
	不支持点光源阴影。使用硬件渲染器时，不会为点光源创建阴影
	显示 Mental Ray 区域光时，不能提供与实际渲染相同的结果，而是生成可在高质量模式下查看的非常粗糙的近似结果
	仅支持"矩形"（Rectangle）形状的 Mental Ray 区域光
	支持基本的灯光参数，如颜色、强度、衰退速率
	必须使用 Maya 区域光
	支持近似阴影
	不支持"高采样数"（High Samples）、"高采样限制"（High Sample Limit）和"低采样数"（Low Samples）等其他灯光形状和选项
	固定点采样率用于漫反射和镜面反射高光。可能会出现采样瑕疵，尤其是光源区域较大且灯光接近曲面的位置的镜面反射高光更是如此
材质	不支持 BOT 文件。硬件渲染器将 BOT \ 文件纹理渲染为黑色

硬件渲染为避免其他应用程序的窗口干扰图像渲染，可以执行屏幕外的批渲染。

4.1.3　向量渲染

向量渲染也称作矢量渲染，利用三维动画制作和渲染的优势，二维卡通材质的渲染得以简化、动画制作的效率得以提高。可以使用 Maya 矢量渲染器创建各种位图图像格式（如 IFF、TIFF 等）或 2D 向量格式创建模式化的渲染，如：卡通、色调艺术、单线模型、隐藏线和线框（图 4-13）。

在默认情况下加载 Maya 矢量渲染器插件，如果未看到此插件列于"渲染 > 使用以下渲染器渲染"（Render>Render Using）中，选择"窗口 > 设置 / 首选项 > 插件管理器"（Window>Settings/Preferences>Plug-in Manager），确 定 已 加 载"VectorRender"插件。

如果要渲染用于联机传送的 SWF 或 SVG 文件，请确保已阅读减小矢量渲染文件大小的策略。否则，可能会导致创建的文件太大而无法进行联机传送。

图 4-13　矢量渲染与软件渲染效果对比

由于技术（矢量渲染器所基于的技术）中的某些限制，提高渲染设置中的分辨率未必会产生更好的效果。

Maya 矢量渲染器同样无法渲染部分 Maya 功能（表 4-2）。

矢量渲染器的限制　　　　表 4-2

模块	限制项目
材质 / 贴图	不支持凹凸贴图渲染
	使用修改 > 转化 > 置换到多边形（Modify>Convert>Displacement to Polygons）可以将置换贴图转化为多边形进行渲染
	纹理渲染受填充样式和多边形数量的限制。填充单个多边形的填充样式（"全色"和"网格渐变"）渲染纹理的精确度要高于其他填充样式，且包含多个多边形的模型渲染纹理的精确度要高于包含较少多边形的模型
	各向异性、Lambert、Blinn、Phong 和 Phong E 着色器应该会生成预期结果。其他 Maya 着色器可能会生成意外结果。不会渲染指定给单个 NURBS 或细分曲面的多个着色器
	不支持多 UV 渲染
灯光	渲染过程中只使用点光源。渲染过程中只考虑以下灯光属性：灯光位置、灯光颜色、灯光强度（对于点光源）、"发射镜面反射"（Emit Specular）、"使用深度贴图阴影"（Use Depth Map Shadows）和"使用光线跟踪阴影"（Use Ray Trace Shadows）
	渲染过程中只使用电光源，渲染过程中只考虑以下灯光属性：灯光位置、灯光颜色、灯光强度
渲染	不支持后期渲染效果包括运动模糊、雾和辉光等
	使用修改 > 转化 >Paint Effects 到多边形（Modify>Convert>Paint Effects to Polygons）可 以 将 Paint Effects 转化为多边形进行渲染。某些"Paint Effects"可能不会按照预期进行渲染。许多"Paint Effects"笔刷在单个多边形上使用透明纹理来实现某种效果（例如，叶的轮廓）。但是，Maya 矢量渲染器仅支持每对象透明度

4.2 渲染的概念

渲染，英文为 Render，也被称为着色，习惯上把 Shade 称为着色，把 Render 称为渲染。Render 和 Shade 这两个词在三维软件中是截然不同的两个概念，虽然它们同属于一个系统之下，功能很相似，但却有不同。Shade 是一种显示方案，一般出现在三维软件的主要窗口中，和三维模型的线框图一样起到辅助观察模型的作用（图4-14）。很明显，着色模式比线框模式更容易让人理解模型的结构，但它只是简单的显示而已，数字图像中把它称为明暗着色法。

在如 Maya 这样高级大型三维软件中，还可以用 Shade 显示出简单的灯光效果、阴影效果和表面纹理效果。当然，高质量的着色效果是需要专业三维图形显示卡来支持的，它可以加速和优化三维图形的显示（图 4-15）。

根据选择的渲染引擎决定了渲染占用的资源，高质量的渲染通常依靠 CPU 的高效运行来实现，当然也有需要依靠专业三维图形显示卡来实现的，在操作时候专业显卡可以加速和优化三维图形的显示，增加稳定性。专业图形显卡与普通家用显

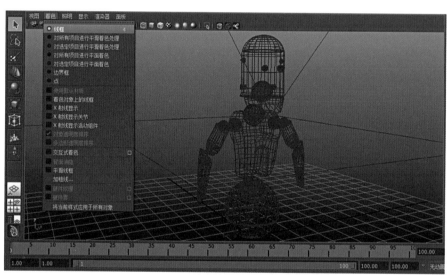

图 4-14　Maya 线框图

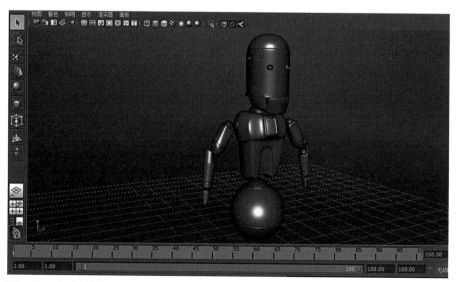

图 4-15　实时光影效果

图 4-16　专业显卡与游戏显卡

卡应用领域不同，型号也不同（图 4-16）。

　　但无论怎样优化，专业显卡都无法把显示出来的三维图形变成高质量的图像，这是因为 Shade 采用的是一种实时显示技术，硬件的速度限制它无法实时地反馈出场景中的反射、折射等光线追踪效果。而现实工作中往往要把模型或者场景输出成图像文件、视频信号或者电影胶片，这就必须经过 Render 程序。

　　Shade 视窗，提供了非常直观、实时的表面基本着色效果，根据硬件的能力，还能显示出纹理贴图、光源影响，甚至阴影效果，但这一切都是粗糙的，特别是在没有硬件支持的情况下，它的显示甚至会是混乱的。Render 效果就不同了，它是基于一套完整的程序计算出来的，硬件对它的影响只是一个显示速度问题，而不会改变渲染的结果，影响结果的是看它是基于程序渲染的不同，比如，是光影追踪还是光能传递。

　　用户所操作的渲染不单单是指单张图片 Render，这里需赋予它一个狭隘的概念，也是相对独立的环节，即将用户需要的或是预设的图像效果进行输出的操作过程。因为操作环节比较紧密，通常容易将渲染与合成搞混淆。

4.2.1　动画渲染项目管理

4.2.1.1　渲染师的特质

　　"渲染"是三维动画、电影、电视、高清展示片中特效制作领域里的专业术语，顾名思义，"渲染师"就是在以上这些领域工作的人。正如医生分内、外科一样，渲染师也有不同的门类，包括材质、纹理、光照等。那么，这里提到的渲染师的具体工作到底是什么，接下来对此做一个简要

的说明。

　　首先是对"渲染师"的定义：采用高科技手段、程序和方法从事三维动画模型灯光、贴图和渲染合成的设计与制作，以期获得具有特定艺术效果的数码影像的专业人员。从这里也可以大致解读出渲染师的具体工作方法和内容，也就是说，渲染师可以根据真实场景和特定艺术场景的要求调节、制作以营造良好的画面氛围。一名合格的渲染师需要具备以下几点基本素养：

　　第一，应该具有良好的美术基础。因为灯光渲染的目的是为了营造艺术氛围或表达特定的艺术需求，这需要对色彩、光影有良好的把握能力，只有这样才能制作出美妙的画面，给观众美的享受。

　　第二，应该具有图形学基础知识。就同上面的美术基础一样，这里的基础知识也是为了让画面制作得更生动、逼真而应具备的基本"常识"。

　　第三，应该具有较强的计算机操作能力。这里的计算机操作能力不是单纯指软件的使用能力，作为一个渲染师软件的熟练使用是首要的。与此同时，高端渲染还要开发部分特定效果的插件，提高渲染质量或速度，可以说，需要有学科交叉的意识和能力，这是一个开放性的能力要求。作为一名合格的渲染师不能只满足于现有的效果，能把自己脑中勾勒的效果用软件做出来，及时开发新的效果是每一个渲染师所追求的最高目标（图 4-17）。

　　可见，渲染师是理解原画师的意图并最终实现画面的重要环节。

4.2.1.2　渲染的流程

　　随着软件版本的更新，渲染引擎的优化，Maya 渲染流程演变为一个系统的过程。允许使用者将各种与场景文件相关联的文件组织到项目中。项目是不同类型的文件夹集合，包括以下内容：

　　1. 项目根目录

　　该目录是与 Maya 项目相关联的顶层级目录。项目引用使用该根目录名称。创建新项目时，在"项目窗口"（Project Window）中可以指定项目根文件夹的位置。

图 4-17　渲染师根据原画的造型制作的对等镜头

2. 项目定义文件

系统将 Maya 项目定义文件命名为 workspace. mel 并存储在项目的根目录中。该文件包含的一组命令，用于定义各种类型文件的位置。这些位置通常与项目根目录相关，但也可以使用项目目录外部的任意位置，使用绝对路径进行定义。这些位置将在运行时的文件路径解析过程中使用。

3. 项目子目录

子目录用于进一步管理项目文件。创建新项目后，系统将默认生成这些子目录并将它们组织为"主项目位置"（Primary Project Locations）、"次项目位置"（Secondary Project Locations）、"转换器数据位置"（Translator Data Locations）和"自定义数据位置"（Custom Data Locations）。这些项目位置目录都可以更改。

4.2.1.3　渲染的基本过程

渲染的流程对于渲染师来说是个重要的概念，若要分别渲染各种属性，例如，颜色、阴影、镜面反射着色等可能要使用渲染过程。

首先，必须定位三维场景中的摄像机，这和真实的摄影是一样的。一般来说，三维软件已经提供了四个默认的摄像机，那就是软件中四个主要的窗口，分为顶视图、正视图、侧视图和透视图。大多数情况下渲染的是透视图而不是其他视图，透视图的摄像机基本遵循真实摄像机的原理，所以观者看到的结果才会和真实的三维世界一样，具备立体感。接下来，为了体现空间感，渲染程序要做一些"特殊"的工作，就是决定哪些物体在前面、哪些物体在后面和那些物体被遮挡等。空间感仅通过物体的遮挡关系是不能完美再现的，很多初学三维的人只注意立体感的塑造而忽略了空间感。要知道空间感和光源的衰减、环境雾、景深效果都有着密切联系。

在渲染程序通过摄像机获取了需要渲染的范围之后，就要计算光源对物体的影响，这和真实世界的情况一致。许多三维软件都有默认的光源，否则看不到透视图中的着色效果，何谈渲染。因此，渲染程序就是要计算我们在场景中添加的每一个光源对物体的影响。和真实世界中光源不同的是，渲染程序往往要计算大量的辅助光源。在场景中，有的光源会照射到所有的物体，而有的光源只照射到某个物体，这样使得原本简单的事情又变得复杂起来。在这之后，还要考虑是使用深度贴图阴影还是使用光线追踪阴影？这往往取决于在场景中是否使用了透明材质的物体计算光源投射出来的阴影。另外，使用了面积光源之后，渲染程序还要计算一种特殊的阴影——软阴影（只能使用光线追踪），场景中的光源如果使用了光源特效，渲染程序还将花费更多的系统资源来计算特效的效果，特别是体积光，也称为灯光雾，它会占用大量的系统资源，使用该效果的时候一定要注意。

完成此步后，渲染程序还要根据物体的材质来计算物体表面的颜色，材质的不同类型、属性、纹理都会产生各种不同的效果。而且，这个结果不是独立存在的，它必须和前面所说的光源结合起来。如果场景中有粒子系统，比如火焰、烟雾等，渲染程序可能需要单独渲染出来再合成至场景中。

4.2.1.4　渲染编辑器的设置

三维动画如果作为媒体播出的视频动画，首先需要考虑载体的属性，包括：渲染的播放方式、播放的格式、渲染的尺寸等。

以 Mental Ray 为基本渲染器为例。

首先，在 Maya 中指定默认渲染器单击窗口 > 设置／首选项 > 首选项（Window>Settings/ Preferences>Preferences）选择"渲染"（Rendering）类别，然后设定"首选渲器"（Preferred Renderer）选项（图 4-18）。

选择渲染器：

有两种方式打开选择渲染器：

1. 单击"渲染 > 使用以下渲染器渲染"（Render>Render Using），然后选择渲染器（图 4-19）。

2. 从"渲染视图"（Render View）（窗口 > 渲染编辑器 > 渲染视图（Window>Rendering Editors>Render View））的下拉列表中选择渲染器。

渲染设置窗口的下拉列表中选择渲染器（图 4-20）。

4.2.1.5 渲染视图

如果要渲染单帧图像（或动画的单帧图像），可以在菜单中选择 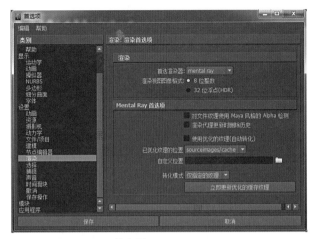"渲染视图"（Render View）中进行渲染（图 4-21）。使用渲染视图有以下优势：

1. Maya UI 易于操作；

2. 过程开始时，即可看到效果；

3. 可以随时中断渲染过程；

4. 方便选择需要区域进行 IPR 渲染。

4.2.1.6 渲染设置

渲染设置窗口，导航菜单中找到"窗口 > 渲染编辑器 > 渲染设置" 。

Maya 硬件渲染器、Mental Ray for Maya 渲染器、Maya 软件渲染器、Maya 矢量渲染器的渲染设置都被合并到一个"渲染设置"（Render Settings）窗口中。

可以生成最终渲染图像或图像序列的预先设置选项，其中包括：

1. 所使用的渲染器；

2. 要输出到的介质；

图 4-18 Mental Ray 首选项

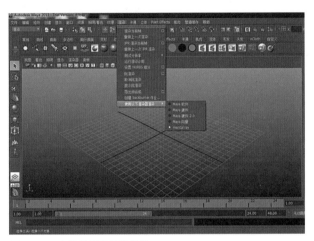

图 4-19 在菜单栏选择渲染器

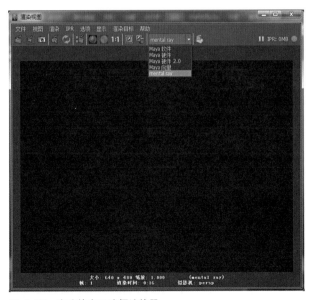

图 4-20 在渲染窗口选择渲染器

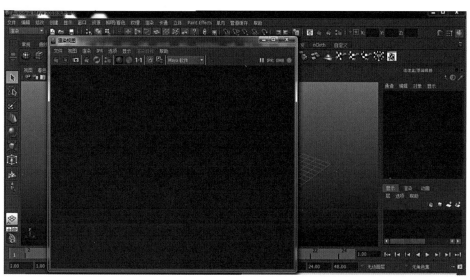

图 4-21　IPR 选择

图 4-22　渲染公用设置

3．是否在用于合成的层和过程中进行渲染；

4．要预览渲染还是生成最终渲染图像。

使用该窗口中的设置可设定场景范围内的渲染选项。特别是与每个对象的渲染设置（有关详细信息，请参见特定对象或渲染主题）一起使用时，通过这些渲染设置可以充分控制渲染图像的质量以及渲染图像的速度（图 4-22）。

4.2.2　三维动画摄影机的设置

4.2.2.1　关于摄像机

一幅渲染出来的图像其实就是一幅画面。在模型定位之后，光源和材质决定了画面的色调，而摄像机就决定了画面的构图。在确定摄像机的位置时，总是考虑到大众的视觉习惯，在大多数情况下视点不应高于正常人的身高。有时也会根据室内的空间结构，选择是采用人蹲着的视点高度、坐着的视点高度或是站立时的视点高度，这样渲染出来的图像就会符合人的视觉习惯，看起来也会很舒服。在使用站立时的视点高度时，目标点一般都会在视点的同一高度，也就是平视。这样墙体和柱子的垂直轮廓线才不会产生透视变

形，给人稳定的感觉，这种稳定感和舒适感就是靠摄像机营造出来的。

当然，摄像机的位置必须考虑观察者所处的位置和习惯，否则画面会看起来很别扭。在影视作品中，摄影机的自由度会大得多。为了表现特殊的情感效果，有时会故意使用一些夸张、甚至极端的镜头，要注意区别对待。

那么，在三维软件中的摄像机除了影响构图之外，还有其他什么作用呢？当然有，这就是景深效果和运动模糊。应该说这两种特效都是和摄像机密不可分的，因为摄像机（或照相机）都有光圈和快门，而光圈和快门就是产生景深效果和运动模糊的直接原因，所以，运用好这两种特效是再现真实摄像效果的必要手段。

三维软件里的摄像机，除了上面提到的内容外，还有更复杂的部分，那就是摄像机的运动。如果你的工作不会涉及动画制作，可以忽略与摄像机运动有关的内容。要知道影视作品和平时照相不同，拍摄注重构图和用光，影视作品更讲究镜头的运动和镜头的切换。所以，如果要运用好"虚拟摄像机"，就必须参考专业类的书籍，不可

凭自己的想象而为之，否则，花时间制作好了模型，设置好了光源，把最难调的材质也调好了，还设置了动画关键帧，本来应得到好的渲染结果，却因为使用了"蹩脚"的摄像机镜头和运动方法而导致剪辑师无从下手，结果前功尽弃。当然，这种结果在三维动画制作中并不多见，原因是三维动画制作通常都是先有了分镜头脚本（也叫故事板）才开始制作的。每个分镜头脚本中都注明了该用什么样的镜头以及如何运用镜头，但这并不表示设计者可以不用去学习镜头语言。假如对镜头一无所知，也就看不懂分镜头脚本，从而也就谈不上制作了。

在将场景与角色按照前期设定制作完成后，根据分镜稿的构图安排机位和运动（图 4-23）。

4.2.2.2　创建摄影机类型

1.选择"创建 > 摄影机"（Create>Cameras）>"摄影机类型"（图 4-24）。

2.Maya 摄影机类型

Maya 摄影机与真实摄影机相比具有一些特质，它提供了更多的创作空间。例如，Maya 摄影

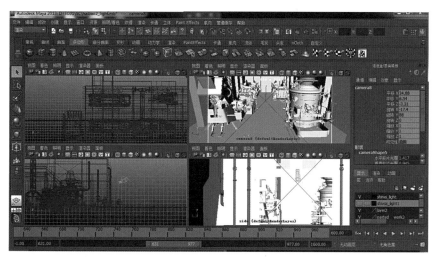

图 4-23　摄影机调节时间轴

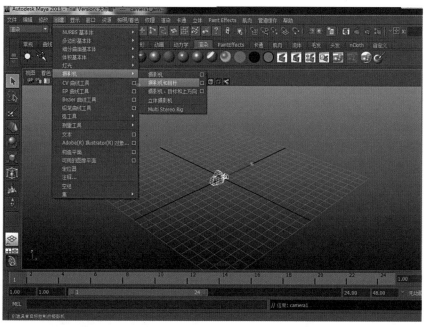

图 4-24　创建摄影机

机不受体积、大小或重量限制，可以移动到场景中的任何位置，甚至是对最小型对象的内部微观部分进行拍摄、对三维软件中摄影机、镜头的模拟，这也是影视特效、三维动画的优势。根据不同的需要创建不同类型的摄影机。

有三种类型的常规摄影机可帮助用户创建静态和动画场景：

（1）基本摄影机可用于静态场景和简单的动画（向上，向下，一侧到另一侧，进入和出去），如场景的平移。

（2）"摄影机和目标"（Camera and Aim）摄影机可用于较为复杂的动画（例如，沿一个路径），如追踪鸟的飞行路线的摄影机。

（3）使用"摄影机、目标和上方向"（Camera, Aim, and Up）摄影机可以指定摄影机的哪一端必须朝上。此摄影机适用于复杂的动画，如随着转动的过山车移动的摄影机。

（4）除了常规的摄影机之外，还有立体摄影机，现今上映的所有特效大片或是三维动画电影都会使用这样的拍摄，以增强观影效果。使用立体摄影机可创建具有三维景深的三维渲染效果（图4-25、图4-26）。当渲染立体场景时，Maya会考虑所有的立体摄影机属性，并执行计算以生成可被其他程序合成的立体图或平行图像。

若要创建立体摄影机，请执行以下操作：

首先需要使用指定的场景，然后再创建立体摄影机。

选择"创建 > 摄影机 > 立体摄影机"（Create>Cameras>Stereo Camera），创建一个新立体摄影机。

此时将显示一个包含三个摄影机的图标，已创建立体摄影机（图4-27）。

1. 从左侧窗格的"面板"菜单中，选择"面板 > 立体 > 立体摄影机"（Panels>Stereo>StereoCamera）以切换到立体模式并从中心摄影机查看该场景。

2. 可以通过选择"立体"（Stereo）>（查看模式）在不同的查看模式，例如"水平交替"（Horizontal Interlace）或"立体图"（Anaglyph）之间切换。在本示例中，我们将在"立体图"（Anaglyph）查看模式下工作（图4-28）。

摄影机装备也可以通过MEL或Python脚本或使用"自定义立体装备编辑器"（Custom Stereo Rig Editor）进行自定义。

还可以使用"多重摄影机装备工具"（Multi-

图4-25   3D立体电影效果示意

图4-26   观看立体效果需要3D眼镜来实现

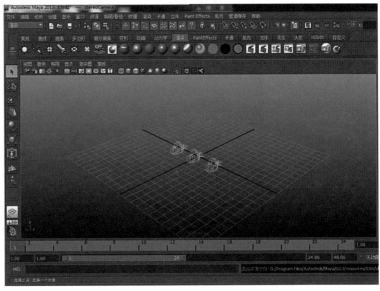

图4-27   创建立体摄影机

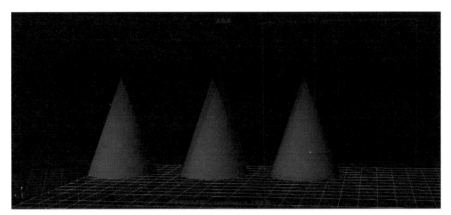

图 4-28　在立体图显示操作

图 4-29　摄影机常规属性

Camera Rig Tool）创建由两个或更多立体摄影
机组成的多重摄影机装备。

4.2.2.3　摄影机的属性编辑

1. 摄影机常规设置

以下对几个重要的摄影机的常用选项进行介
绍（图 4-29）。

（1）控制（Controls）

有关摄影机类型（"摄影机"（Camera）、"摄
影机和目标"（Camera and Aim）、"摄影机"
（Camera）、和目标（Aim）和"上方向"（Up）
的信息。

（2）视角（Angle of view）和聚焦距离（Focal
length）

聚焦距离也就是焦距，动画电影中对于情节
的描述每个镜头都有各自的要求，镜头框的把握
是画面构图的最基本要求。例如，镜头是否要包
含整个角色，或只是截取其头部和肩部；场景包
含的是中景还是近景。有两种方法来增大镜头框
中的对象：可以将摄影机移近对象，或将镜头调
整为更长的焦距（图 4-30）。

镜头焦距指的是镜头中心到胶片平面的距离。
焦距越短，焦点平面离镜头背面越近。

镜头是以焦距来区分的。焦距以毫米为单位，
有时也使用英寸（1 英寸约为 25 毫米）。

框中的对象大小与焦距成正比。如果使焦距
加倍（保持摄影机到对象的距离），则框中的对象
将显示为两倍大小。框中的对象大小与对象和摄

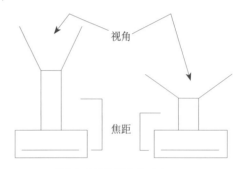

图 4-30　视角与焦距调节变化对比

影机的距离成反比。如果使距离加倍，框中对象
的大小将减少一半。视角在调整摄影机焦距时，
视角将出现缩放。这会导致框中的对象变得更大
或更小。当增加焦距时，视角将变得更窄。当缩
短焦距时，视角将变得更大。

（3）聚焦和模糊

通过实际摄影机录制能看到内容的过程非常
简单：按相应的按钮打开快门，使光通过光圈，
这将使胶片曝光，从而录制所看到的内容。相机
的曝光设置确定景深（锐聚焦区域）以及是明确
主题还是通过运动模糊主题（图 4-31）。

尤其是在场景中使用基于照相技术的图像（例
如实时动作镜头）时，可能需要使用某些摄影机
设置。

"快门角度"（Shutter Angle）会影响运动模
糊对象的对象模糊度。快门角度设置越大，对象
越模糊（图 4-32）。"快门角度"（Shutter Angle）
的测量单位是度。有效值范围为 1 ～ 360。默认值

图 4-31 动画电影《美食从天而降2》近处的主角成为对焦点

图 4-32 动画电影《急速蜗牛》中强调速度的运动模糊镜头

为 144。

"摄影机快门角度"（Camera Shutter Angle）选项是模糊时间范围的倍数。类似于传统的电影和视频摄影机，该摄影机快门角度决定了曝光持续时间。但是，为了进行运动模糊，它只能根据下列等式改变曝光的绝对时间范围：

"模糊"（Blur）范围 =（"摄影机快门角度"（Camera Shutter Angle）/360 度）× 模糊"帧"（Frame）数

2. 立体摄影机的属性

下面是一些关于调整立体摄影机属性的常规指导：

（1）若要查看"零视差平面"（Zero Parallax Plane），请启用"零视差平面"（Zero Parallax Plane）属性。

（2）若要查看"安全查看体积"（Safe Viewing Volume），请启用"安全查看体积"（Safe Viewing Volume）属性。"安全查看体积"（Safe Viewing Volume）会显示摄影机当前包含的体积。

（3）调整"轴间分离"（Interaxial Separation）以移动摄影机，使其靠近或远离其他摄影机。

（4）增加"零视差"（Zero Parallax）以移动对象，使其远离摄影机。在下面的场景中，3D 效果将变得更加不明显。减少"零视差"（Zero Parallax）以移动对象，使其靠近摄影机。如果用户实际动手试验一下，会有更深入的理解。

当"零视差平面"（Zero Parallax Plane）位于两个对象之间时，立体效果最逼真。

（5）如果更改输出设备的分辨率，可能需要重新调整摄影机属性。

（6）用户也可以增加"远剪裁平面"（Far Clip Plane）以增加摄影机的深度。

4.3 分层渲染

4.3.1 什么是分层渲染

分层渲染也叫分通道渲染（即可以分开渲染每一个通道），分层渲染是把场景中不同的或相同的物体按不同的方式分配到图层上，由不同的层分类渲染。

分层渲染的意义在于：

分层渲染，就是将物体的光学属性分类，然后再执行渲染，得到一个场景画面中的多张属性贴图。分层的作用就是让我们在后期合成中更容易控制画面效果，如减弱阴影、物体遮挡、高光特效等。对于某些大场景，还能利用分层渲染加速动画的生成过程。如不受近景光线影响的远景，可作为一个独立的渲染层渲染为背景静帧，而近景则完成动画渲染，节省了软件对整个场景渲染的时间。还可以通过分层渲染设置，使用不同的渲染器渲染同一个场景中的不同物体（或相同物体）。如使用 MentalRay 渲染人物 3S 材质特效的皮肤质感，而使用 MayaSoftware 渲染人物的头发光影。甚至可以使用分层渲染设置对物体的操作历史进行"覆写"创建，使物体在不同的渲染层显示为不同的形态。总的来说，分层渲染对于影片的后期合成是至关重要的，尤其是结合 2D 人物动画的 3D 场景动画。

4.3.2　层渲染的概念

Maya 分层渲染在实际项目上的运用非常普遍，同时它也是一个很传统的问题，与二维动画层运用类似。操作者可以用分层渲染来解决许多的渲染问题，下面介绍分层渲染的基本概念和一些扩展实例。

4.3.2.1　渲染层（Render Layer）概述

每层和每个对象覆盖新系统意味着对象在不同的层上可以有不同的着色和渲染属性（使用概念与 Adobe® Photoshop® 图层相似）。

可以通过渲染层将任何对象指定给每层材质各不相同的多个层。这允许操作者使用 Maya 的四个渲染器、第三方插件渲染器和后期处理（例如 Fur 和 Paint Effects）的任意组合为每个帧创建多个图像。可有效地组织渲染图像以输出到组合器。还可以将渲染层渲染为支持多个图像层的 Adobe® Photoshop®（PSD）格式。

同样，可在渲染视图中查看所有层的预览合成。

1. 渲染层的优点

可以将更改传播到单个场景中存在的各个层，而不必管理多个场景。渲染层预设允许轻松地设置常用过程，例如阴影和镜面反射度。渲染层还可以用于在场景中为顶点烘焙或灯光映射准备不同的层。

2. 层渲染工作流程（图 4-33）

4.3.2.2　层渲染的基本操作

操作区域如图 4-34 所示：

1. 创建空层

执行下列操作之一：

单击"渲染层编辑器"（Render Layer editor）中的"创建新空层"（Create new empty layer）图标 。

选择"层 > 创建空层"（Layers>Create Empty Layer）。

如果这是创建的第一个层，则主层也将可见。

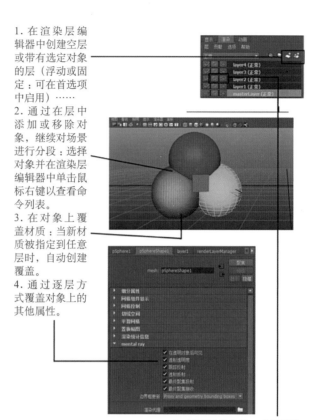

1. 在渲染层编辑器中创建空层或带有选定对象的层（浮动或固定；可在首选项中启用）……

2. 通过在层中添加或移除对象，继续对场景进行分段；选择对象并在渲染层编辑器中单击鼠标右键以查看命令列表。

3. 在对象上覆盖材质；当新材质被指定到任意层时，自动创建覆盖。

4. 通过逐层方式覆盖对象上的其他属性。

5. 根据层着色组、成员覆盖（渲染统计信息）或渲染设置进行覆盖。也可以循环使用渲染图像以节省时间。

图 4-33　渲染流程图

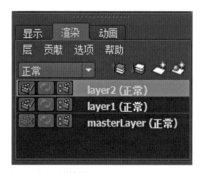

图 4-34　渲染层

2. 创建将选定对象作为成员的新层

选择对象，执行以下操作之一：

单击"层编辑器"（Layer editor）中的"创建新层并指定选定对象"（Create new layer and assign selected objects）图标 。

选择"层 > 从选定对象创建层"（Layers>Create Layer from Selected）。

3．选择层中的所有对象

执行下列操作之一：

在层上单击鼠标右键，然后选择"选择层中的对象"（Select Objects in Layer）。

在"层编辑器"（Layer Editor）中选择层，然后选择"层 > 选择选定层中的对象"（Layers>Select Objects in Selected Layers）。

4．向层中添加／移除对象

（1）选择对象。可能需要在显示所有对象的主层上选择。

（2）在要向其添加／移除对象的层上单击鼠标右键，然后选择"添加选定对象"（Add Selected Objects）／"移除选定对象"（Remove Selected Objects）。

5．从（空）层中移除所有对象

在层上单击鼠标右键，然后从显示的菜单中选择"清空渲染层"（Empty Render Layer）。

6．删除一个或多个层

执行下列操作之一：

（1）在要删除的层上单击鼠标右键，然后选择"删除层"（Delete Layer）。

（2）选择要删除的一个或多个层，然后选择"层 > 删除选定层"（Layers>Delete Selected Layers）。

4.3.3　层使用方法示例

可以使用渲染层将场景分段。如果在场景中具有前景、中景和背景对象，则可以使用三个不同的层对其进行渲染。如果对象之间没有交互，则可以在渲染时节省大量时间。例如，在一个森林空战场景中，将单独渲染三个不同的层：静态背景（天空、山、树），中景（配角战鸟）和前景（主角战鸟）。渲染静态背景一次即可，然后将中景、前景层进行合成，可以显著加快工作的速度并缩短渲染时间（图4-35）。

更复杂的示例可能需要合成的不同效果。第一个层具有光线跟踪，它仅针对需要它的那些对象才启用（光线跟踪是一个非常耗时的过程）。第二个层具有辉光灯光，它将与某些对象合成以生成光晕效果。第三个层和第四个层具有阴影和镜面反射信息，用于以后合成。

两架空战中飞机的示例（图4-36实例引自《AUTODESK Maya 2014使用手册》）

此图像由五个合成的层组成，这些层单独进行渲染。背景是一个层，前景飞机是一个层，中景飞机是一个层。

其他两个层用于生成效果：具有辉光和模糊的中景子弹在一个单独的层上进行渲染，运动模糊的螺旋桨也一样（图4-37）。

所有这些层会使用不同的混合模式合成在一起，以创建在此看到的最终图像。这样可以简化工作流程，并可使用不同的选项轻松地重新渲染场景的各个部分。

图4-35　动画电影《森林战士》中追击分层场景

图4-36　飞机追击分层文件

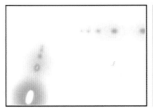

图4-37　各层次效果

大型产品可能将不同的渲染器用于不同的过程以及灯光、对象和层覆盖的修改。例如：

1. 使用产品级质量在 Maya 软件渲染器中渲染的美景层。

2. 使用 Maya 硬件渲染器渲染的蒙版层。这可能是较低的质量，因为仅 Alpha 通道起作用。硬件粒子效果也可以在此层上渲染。

3. 使用亮白色光在 Mental ray 中渲染的反射层。如果场景的所有部分中都没有反射，则可能仅针对场景的一部分（例如，仅中间 100 帧）渲染该层。

4. 在 Maya 软件渲染器中渲染的辉光层，用于辉光对象。可以将其渲染为特别亮，前提是可以在合成器中根据需要将其降低。

5. 使用 Mental ray 渲染的"热"层（例如，通过将白色 Blinn 指定给所有对象、调整镜面反射度并将关键灯光设置为亮和微红色而实现的夸大镜面反射）。

6. 使用 Mental ray 最终聚集渲染的"冷"层，无其他任何灯光。同样，夸大的漫反射是从该层渲染的（通过将白色 Lambert 指定给所有对象并调整漫反射来实现）。

7. 由 Mental ray 渲染的作为环境光遮挡过程的泥土层。

1. 在渲染层编辑器中逐层选择层混合模式

2. 选择"渲染所有层"以合成渲染，或选择一个层进行单独渲染

图 4-38 层渲染示意图

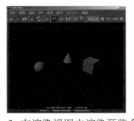

3. 在渲染视图中渲染预览合成层或单个层

4. 使用批渲染器或命令行渲染器，将最终场景渲染为一个分层 PSD 文件或图像序列。

8. 诸如毛发和 Paint Effects 等的渲染后期处理也单独渲染。

层渲染预览流程

默认情况下主层不可渲染（这仅与存在多个层时相关）。若要将不可渲染的层设定为可渲染，请单击层名称左侧的■图标（图 4-38）。

4.3.4 层预设

使用"预设"（Presets）菜单将当前设置保存为一个预设属性，并且避免每次渲染时都对其进行调整。预设层可以使我们的工作更有秩序，相当于在渲染之前提前计划好需要的图层性质，以便后期合成使用。层预设设定层覆盖。可以将现有预设应用于层，或者创建自己的预设，然后可以将这些预设应用于新层。

1. 应用层预设

（1）在"渲染层编辑器"（Render Layer editor）中，选择一个层。

（2）在"属性编辑器"（Attribute editor）中选择该层，单击"预设"（Preset）按钮，然后选择一个预设。

2. 保存层预设

（1）在"渲染层编辑器"（Render Layer editor）中，选择要保存其覆盖的层。

（2）在"属性编辑器"（Attribute editor）中选择该层，单击"预设"（Preset）按钮，然后选择"保存预设"（Save Preset）。

（3）在"将设置保存为预设"（Save Settings as Preset）对话框中，输入预设的名称。

3. 删除层预设

从层的"属性编辑器"（Attribute editor）中的"预设"（Preset）按钮中选择"删除预设"（Delete Preset）。

4.3.5 渲染层

以下演示了汽车实例使用的不同预设。（图 4-39 实例引自《AUTODESK Maya 2014 使用手册》）

1. 亮度深度（Luminance Depth）：灰度渲染基于距离摄影机的深度。这样会生成非抗锯齿灰度图像，以用于确定合成应用程序中的深度优先级（图4-40）。

2. 遮挡（Occlusion）：使用 Mental ray 渲染器生成开放天空类型的渲染器。该类过程的其他名称为虚设全局照明或尘土着色器。在白色背景下，该过程能正常运行（图4-41）。

3. 法线贴图（Normal map）：从可渲染的摄影机渲染切线空间法线贴图。该贴图可用于后期3D（合成软件），以便从预渲染的几何体捕捉高光。基于红色、绿色或蓝色的数量，该贴图在颜色通道的输出内定义已渲染图像的法线方向（每像素）（图4-42）。

4. 几何体蒙版（Geometry Matte）：几何体的 Alpha 或轮廓的颜色版本（黑白）。也称为遮罩。"几何体蒙版"（Geometry Matte）不遵照透明度信息，因为可以在该示例中查看透明度信息（汽车的窗户是透明的）（图4-43）。

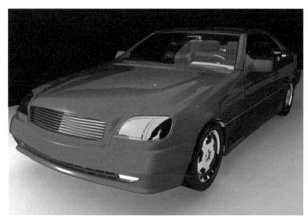

图4-39　渲染层综合

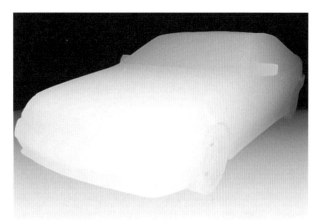

图4-40　深度层

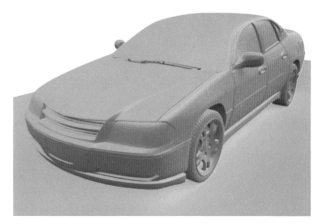

图4-42　法线贴图层

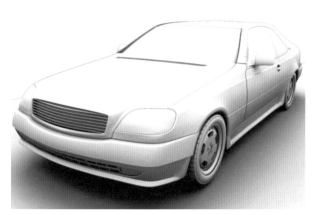

图4-41　遮挡层

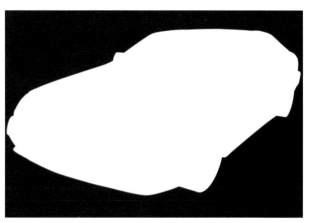

图4-43　蒙板层

5. 漫反射（Diffuse）：仅执行漫反射着色（也就是，不存在阴影或镜面反射信息）。漫反射过程包括漫反射和环境信息，且由颜色、透明度和漫反射系数调整（图 4-44）。

图 4-44　漫反射层

图 4-45　镜面反射层

图 4-46　阴影层

6. 镜面反射（Specular）：仅执行镜面反射着色。高光组件的调整方式有所不同，具体取决于与对象关联的材质的类型。Phong、PhongE、Blinn 和各向异性材质会以不同方式生成高光贡献。在 Phong 材质上，可使用余弦幂和镜面反射颜色调制镜面反射过程。由于不会为镜面反射过程生成任何遮罩或 Alpha 通道，因此建议相加合成镜面反射过程（图 4-45）。

7. 阴影（Shadow）：在 Alpha 通道中仅生成图像的阴影组件。不生成任何颜色信息（图 4-46）。

4.3.6　渲染流程

考虑汽车设计中的预览图像示例。具体思路是使图像看上去尽可能具有真实照明效果，同时为汽车模型提供颜色选择。此外，还应当易于更改各种外观的背景图像。

这可以通过 Maya 和使用渲染层的图像编辑软件来实现。在 Maya 中，该场景的周围具有各种反射表面和环境照明，以创造最佳渲染效果。

在处理场景时，将创建并预览一系列层。最终图像被保存为 PSD 分层格式。最终图像包含九个合成层：

1. 共有两个"美景"层，其中一个显示红色的汽车模型，另一个则显示蓝色。可通过按层切换汽车对象上的材质指定，在 Maya 中轻松做到这一点。这样可以快速地创建带有不同汽车颜色的最终图像，因为其他所有层对最终图像的贡献是一样的。

2. 有一个黑色背景图像（便于替换）。以"法线"（Normal）混合模式适当排序美景层和背景层，以使美景层显示在背景图像的"顶部"（图 4-47）。

3. 包括使用 Maya 渲染预设创建的亮度深度、阴影、遮挡和镜面反射层。它们都为图像的真实照明做出了贡献（图 4-48）。

4. 最后还有一个反射层，该层在图像编辑软件中与几何体蒙版层进行组合，以在汽车未覆盖的地方生成反射（图 4-49）。

图 4-47 图层文件可以方便地改变颜色等信息

亮度深度层。
混合模式：相乘。

遮挡层。
混合模式：相乘。

阴影层。
混合模式：法线。

镜面反射层。
混合模式：屏幕。

图 4-48 可以调整不同层的混合模式

反射层，在图像编辑软件中与汽车几何体蒙版进行组合。

混合模式：法线。

图 4-49 混合模式的组合

由于各种过程对画面效果所作的贡献，最终图像展示了非常逼真的照明效果：镜面反射层使得反射和辉光更加突出，遮挡层创造了裂缝与几何体下方的真实变暗效果，亮度深度层则使远离摄影机的图像部分看上去更暗。阴影层为汽车图像和图像周围添加阴影。最后，反射层将反射效果增加到模型（图 4-50）。

4.3.7 三位一体的渲染体验

真实场景与三维的合成渲染

用 Use Background Shader 可使 3D 物体看上去好像是真实图片的一部分。例如，把汽车的模型放到城市里的道路的背景镜头里，可以按照下面的步骤做：

1. 打开有 3D 汽车模型的场景。

2. 用道路的图片建立一个 Image Plane。

3. 建立一个跟道路透视跟形状匹配的 surface（替代物体）。

4. 给道路的物体赋 Use Background Shader。

5. 把汽车模型放到道路的物体上。

6. 把照到汽车上的灯的阴影打开。

7. 渲染场景，替代物体获得阴影，好像汽车模型真的是图片的一部分似的（图 4-51）。

相同的方法还可以用来把 Image Plane 里面的 2D 图片做成 3D 场景的一部分，同样使用替代物体技术，把 Use Background 赋到替代物体上，替代物体得到了场景里面其他物体的阴影和光线追踪反射，其效果很逼真。

图 4-50 渲染层最终合成效果

图 4-51 合成效果实例

现在会出现一个问题，如果背景的图像是一个一个连续的镜头拍摄出的动画，若想通过三维软件来实现运动匹配的话，那么实际操作上会遇到困难。对此可以借助 Maya live 来实现，也可以用第三方软件如：MatchMover、Boujou 等来算出相机的运动轨迹，然后通过自身的功能导出一个 Maya 的 .ma 或 .mb 的文件，然后再在 Maya 中进行合成，效果也不错。

4.3.7.1　调整渲染序列

一般在调节灯光的时候都是通过渲染静帧来调节的，但是很难保证在做成动画之后画面不会出现问题。所以还需要通过序列调整画面效果以及技术上出现的问题（如角色运动过程中出现的破绽，或是运动后造成画面的不协调，阴影抖动等技术性的问题），直至达到最佳的效果。

4.3.7.2　整理优化场景文件

在灯光效果得到导演的确认后，将要把灯光的场景文件提交给渲染部门，进入下一流程。在提交文件之前，应该仔细检查灯光的场景文件，对场景进行优化，对灯光进行命名、打组，以方便以后的修改工作。

如果在做灯光过程中为了辅助而添加了模型、摄像机背景或者其他的图片等，都需要注明。否则会造成在渲染过程中的信息丢失。CG 制作是协作性很强的工作，养成良好的习惯是非常必要的。

4.4　网络渲染

网络渲染是渲染进程在多台计算机之间的一种分布形式，也称为渲染农场。例如，可以将一个动画分成较小的序列并在不同的计算机上渲染每个序列。还可以控制渲染的时间和要在其上进行渲染的计算机。

无论是 3D 动画软件还是 2D 图像合成，难免会耗费很长的渲染时间，一部全 CG 电影的总渲染时间是难以想象的。通常 2K 电影分辨率所需要的渲染时间能被接受的范围大概在每帧 1 小时左右，而好莱坞主流电影的分辨率在 2K、4K，甚至

达到了 6K 或者 8K，随着每一阶品质的提高而其渲染时间将是上一品质的 4 倍。

"渲染农场"，简单讲就是由多台计算机一起处理一个图形渲染任务，就像一个加工厂中的很多工人一起进行加工作业，完成一套完整作业流程一样。要想让每个工人都能高效地工作，首先需要有一个为工人们合理安排任务的管理人员。工人从管理人员那里接收到工作后可以立即开始工作，工作完成后就把成品交给指定的客户。在渲染农场中，"工人"就是渲染节点，更直接地说，就是节点中的 CPU，而"管理人员"就是"管理服务器"。每个渲染节点的工作可能是要处理好几幅完整的图像，或者是一幅完整的图像，也有可能只是一幅图像中的一小块。渲染农场的软件通常采用"客户端－服务端"的形式。客户端的各个动漫工作站在完成建模、材质、灯光等工作后，将工作提给渲染服务器，管理服务器对工作进行排序，然后分配给渲染节点，以优化渲染节点效率。渲染节点完成图像渲染后，会把完成的图像交给客户端指定的存放地点，客户端的动漫工作站从这里就可以及时看到渲染完成的图像（图 4-52）。

众人拾柴火焰高。渲染农场以一种"分割围歼"的方式将一个大型场景的渲染时间缩短到原来的 1/2 或者 1/3，甚至几十分之一，大大提高了渲染效率。

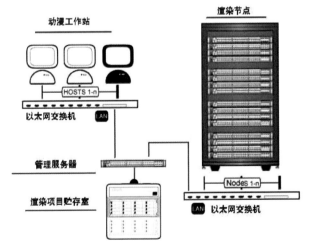

图 4-52　渲染农场架构图

4.4.1 网络渲染的操作

使用 Maya 时,有两种方法可以设置网络渲染。

1. 使用 Maya 软件或 Mental ray for Maya 渲染器进行 Maya 网络渲染。可以手动执行该操作,也可以自动执行该操作（例如,使用 Backburner 或其他第三方解决方案）。

2. 每个 Maya 许可证都允许使用者通过 Maya 在一台计算机上以交互方式渲染和在五台计算机上运行批渲染。因此,最多可以在 6 台计算机上执行 Mental Ray for Maya 渲染。

批渲染许可证是基于主机的,因此可以对每个批渲染使用一台计算机上的所有内核。批渲染许可证仅可用于网络许可证（注意,每个批渲染节点都必须具有 ADLM 框架）。

4.4.2 管理网络渲染

可以使用 Backburner 或其他第三方渲染器自动执行该过程。

1. 在每台计算机上安装 Maya

建议您将安装降低到最低要求。例如,安装时不一定要在每台计算机上加载所有选件（例如,文档）。

2. 在每个渲染工作站上启动 Render 命令

这可以通过命令行"Render"命令手动实现。若要自动实现,请使用简单的脚本功能。

例如,如果有一个 100 帧的场景,并且希望将渲染分布在 4 个渲染工作站上,请执行以下操作:

对第一个渲染工作站键入 Render −r file −s 1 −e 25 文件名。

对第二个渲染工作站键入 Render −r file −s 26 −e 50 文件名。

对第三个渲染工作站键入 Render −r file −s 51 −e 75 文件名。

对第四个渲染工作站键入 Render −r file −s 76 −e 100 文件名。

（提示:使用 −rep 可以对 Render 命令使用 −rep 标志,以使 Maya 软件自动执行网络"渲染"。）

3. 使用 Satellite 和 Standalone 进行 Mental Ray 网络渲染

使用 Mental Ray 网络渲染可以在网络上的多台计算机上分布渲染过程。可以使用 Mental ray for Maya Satellite 或 Mental ray Standalone 来执行该操作。

始终可以使用在 Maya 中集成的 Mental Ray for Maya 插件在无限多个本地 CPU 上进行渲染。Mental Ray Satellite 渲染可能需要在四台额外远程计算机上进行,每台计算机最多四个处理器、四个 GPU,核心数量不限。

在 Maya 中工作时（在"渲染视图"（Render View）或批渲染中）或从 Maya 内的命令行可以调用 Mental Ray 网络渲染过程。

使用 Mental Ray 分布式渲染可以加快下列所有任务的速度:

1. 交互式渲染（通过 Maya 界面）;

2. 使用 Mental Ray for Maya 的 IPR 渲染;

3. 交互式批渲染（由 Maya 启动的批渲染）;

4. 命令行渲染;

5. 烘焙。

当将 Satellite 渲染与（"照明／着色＞批烘焙（Mental ray）"（Lighting/Shading>Batch Bake (Mental ray)）一起使用时,请选择"单个对象"（Single object）作为"烘焙优化"（Bake Optimization）方法。包括烘焙最终聚集和光子（全局照明）在内的烘焙仅支持使用"单个对象"（Single object）选项时的 Satellite。Satellite 渲染仅支持烘焙到纹理。

4.5 案例剖析

4.5.1 实例 1（角色渲染）

依然继续《大兵》的实例,这个作品用的是分层渲染。

这一层的渲染目的是为了方便快速选取同类材质做的单色图层（图 4−53）。

这一层是渲染出来的 Diffuser 层,没有做过

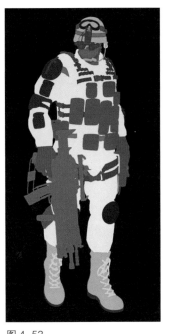

图 4-53　　　　　　　　图 4-54　　　　　　　　图 4-55　　　　　　　　图 4-56

任何处理（图 4-54）。

　　脸部 3S 材质^①单独渲染（图 4-55），这一层渲染的是高光图层（图 4-56），之后把这几个图层在 PS 里面叠加起来就得到了我们最终的效果图（图 4-57、图 4-58）。

4.5.2　实例 2（场景渲染）

　　渲染部分还是接前两章的实例，引用《伟大的猎人》的场景进行讲解。

　　渲染器前面已经介绍了，使用的是 3Delight，这是符合 RenderMan 渲染规范的渲染器。RenderMan 相比其他渲染器有一些很强的优势，如快速的景深、运动模糊、抗锯齿，还有稳定性，这些对于处理这种类型的短片很重要。

　　当镜头的灯光测试通过了以后就可以开始渲染了，渲染上需把场景分成背景、角色、角色在背景上的阴影、Occlusion 几层，然后在合成软件里面进行合成输出。我们选择一个场景为例，展

图 4-57　PS 内进行图层　　图 4-58　最终渲染效果
调整

---

①　所谓 3S 即 Subsurface Scattering Shaders（次表面散射材质），Mentalray 通过两种途径生成：一种是利用光子产生次表面散射的物理模式；另外一种是用 lightmap 进行模拟的非物理模式。采用物理模式能产生真实的光线散射，但由于基于光子进行计算，所以速度很慢。制作皮肤材质用的是基于 lightmap 的非物理模式，速度快效果好。

示渲染图层（图4-59）。

后期编辑我们采用了Generation，这是个节点型的后期编辑软件，它是以镜头为单位，可以非常快速地查看每个镜头的历史，迅速地在旧版本和新版本之前切换，还能同时播放对比不同版本，这对于导演来说是很实用的功能（图4-60~图4-62）。

最后想说的是，用好的软件当然会做出更好的效果和更快的速度，但是决定片子质量最重要的因素还是艺术修养。一部片子能不能顺利做完要看技术和流程，而片子质量的高低就要看导演和制作人员的艺术修养了，缺一不可，这也是三维动画的特殊性，艺术挑战技术，技术启发艺术。

BG层　　　　　　　　　　chars层　　　　　　　　　　AO层

图4-59

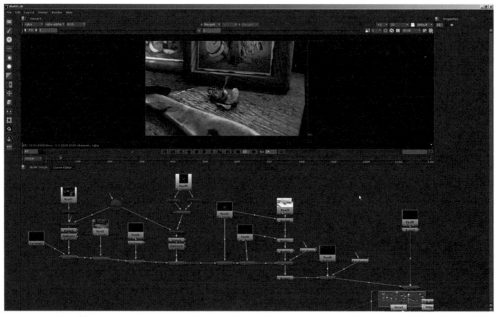

图4-60　Nuke合成节点

图 4-61　Generation 以镜头为单位操作

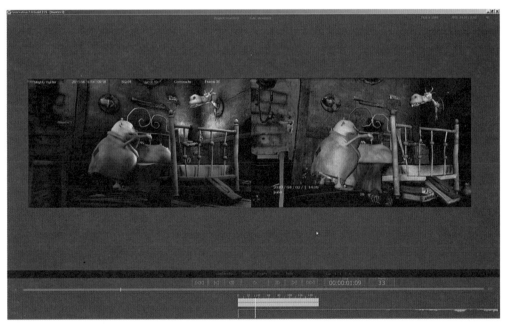

图 4-62　Generation 能同时插放不同版本来对比调整

参考文献

[1] 冯文、孙立军 . 动画艺术概论 [M] . 北京：海洋出版社，2007.

[2] 薛燕平 . 非主流动画电影 [M] . 北京：中国传媒大学出版社，2007.

[3] 常虹 . 艺术动画 [M] . 杭州：浙江大学出版社，2007.

[4] 叶风 . 三维动画创作 [M] . 北京：海洋出版社，2007.

[5] 孙立 . 影视动画的视听语言 [M] . 北京：海洋出版社，2006.

[6] 周传基 . 影视的时间

[7] 吴方丹 . 三维动画艺术的审美分析 [J] . 现代商贸工业，2008，1.

[8] 董隆远 . 计算机三维技术初探 [J] . 电视字幕·特技与动画，2006，7（1）.

[9] 郭晓寒，何雨津 . 动画互动媒体艺术 [M] . 重庆：西南师范大学出版社，2008.

[10] （美）鲁道夫·阿恩海姆 . 艺术与视知觉 [M] . 滕守尧、朱疆源译 . 成都：四川人民出版社，1998.

[11] 李兴国 . 摄影构图艺术 [M] . 北京：北京师范大学出版社，1998.

[12] 李凯、荆棘鸟、张申申 . 三维创造奇迹——3D 光影大师 [M] . 北京：机械工业出版社。2004.

[13] 陈路石 .Maya/Mental Ray 材质渲染大揭秘 [M] . 北京：清华大学出版社，2012.

[14] AUTODESK MAYA2014 用户手册 .

后　记

目前，中国电影产业处在飞速发展的时期，三维动画艺术已被广泛应用于院线影片和独立动画设计中。随着计算机软、硬件的不断更新，催生了三维技术的不断突破。在动画市场普遍采用三维表现的大背景下，很大程度上促使三维艺术走向成熟的同时，也造成了表现手法的模式化和单一化。如今，中国动画产业的高速发展正处于十字路口，是选择继续扩大产业规模，保持高速发展的业绩，还是放慢脚步，潜心制作精品，成为亟须抉择的问题。

当今，电影人不断地进行探索和创作，动画作为一种艺术形式延伸了人类的想象力和创造力。动画的优势在于能更灵活地表现生活、展现人类情感、启迪心灵。在今后的发展中，三维动画制作应不再仅局限于将技术作为动画高等教育的首要任务，而是加强学院教育在人才培养方面对创意和设计的重视，降低出产仅会制作的工匠。在侧重技术的应用的同时，要更关注人性，关注人与人之间心灵的交流，从而做出更多具有中国自己审美情趣的动画精品。

本书遴选了大量国内外优秀动画作品的相关实例，实例数据仅作为使用基础和基本用法的示范。由于篇幅限制，具体参数及设置可以参看《Maya 标准教程》或《AUTODESK MAYA2014 用户手册》(有部分数据节选自《AUTODESK MAYA2014 用户手册》)。

很高兴中国建筑工业出版社能关注动漫教育的课程体系，给我们青年教师提供展示自己的平台，也因此，本书才得以付梓；感谢责编唐旭、张华的严谨工作，以及他们提供的编写建议；本书的编写得到鲁迅美术学院传媒动画学院(筹建)和索菲动画的支持；感谢我的家人和我的爱人，还有我即将降生的宝宝，没有你们的理解和分担，我无法完成书稿的编写。

张云辉

2014 年 1 月于鲁美

图书在版编目（CIP）数据

三维动画材质渲染／张云辉编著．—北京：中国建筑工业出版社，
2014.7
高等院校动画专业核心系列教材
ISBN 978-7-112-17060-9

Ⅰ．①三…　Ⅱ．①张…　Ⅲ．①三维动画软件－高等学校－教材
Ⅳ．① TP391.41

中国版本图书馆 CIP 数据核字（2014）第 150323 号

责任编辑：唐　旭　张　华
责任校对：刘　钰　陈晶晶

高等院校动画专业核心系列教材
主编　王建华　马振龙　副主编　何小青
三维动画材质渲染
张云辉　编著
＊
中国建筑工业出版社出版、发行（北京西郊百万庄）
各地新华书店、建筑书店经销
北京嘉泰利德公司制版
北京方嘉彩色印刷有限责任公司印刷
＊
开本：787×1092毫米　1/16　印张：8¼　字数：213千字
2014年9月第一版　2014年9月第一次印刷
定价：49.00元
ISBN 978-7-112-17060-9
（25711）